UBIQUE!

Canadian Military Engineers: A Century of Service
Génie militaire canadien: Un siècle de service

by/par

CHARMION CHAPLIN-THOMAS, VIC JOHNSON, BILL RAWLING

Vic Johnson

Published by / Publié par

GENERAL STORE
PUBLISHING HOUSE

Box 28, 1694B Burnstown Road, Burnstown, Ontario, Canada K0J 1G0 Tel. (613) 432-7697 or 1-800-465-6072
B.P. 28, 1694B, rue Burnstown, Burnstown, Ontario, Canada K0J 1G0
Tél. : (613) 432-7697 ou 1-800-465-6072

ISBN 1-894263-80-4
Printed and bound in Canada / Imprimé et relié au Canada

Edited by Susan Code / Révisé par Susan Code
Layout and design / Mise en page et conception graphique : Derek McEwen Design & Typesetting
Printed by Custom Printers of Renfrew Ltd. / Imprimé par Custom Printers of Renfrew Ltd.

National Library of Canada Cataloguing in Publication.
Catalogage avant publication de la Bibliothèque nationale du Canada

Chaplin-Thomas, Charmion
Ubique! : Canadian military engineers : a century of service = Ubique! : génie militaire canadien : un siècle de service / Charmion Chaplin-Thomas, Vic Johnson, Bill Rawling.

Includes bibliographical references / Comprend des réf. bibliogr.
Text in English and French / Texte en anglais et en français.
ISBN 1-894263-80-4

1. Military engineers—Canada—History—20th century. 2. Military engineering—Canada—History—20th century. 3. Canada—History, Military—20th century. I. Johnson, Vic II. Rawling, Bill, 1959- III. Title. IV. Title: Canadian military engineers. V. Title: Ubique! : génie militaire canadien. VI. Title: Génie militaire canadien.

1. Ingénieurs militaires—Canada—Histoire—20e siècle. 2. Génie militaire—Canada—Histoire—20e siècle. 3. Canada—Histoire militaire—20e siècle. I. Johnson, Vic II. Rawling, Bill, 1959- III. Titre. IV. Titre: Canadian Military Engineers. V. Titre: Ubique! : génie militaire canadien. VI. Titre: Génie militaire canadien.

UG26.C42 2003 358'.22'0971 C2003-902044-4E

Table of Contents

Preface	5
Dispatches	7
Introduction	11
Operations	15
National Development	83
Community Service	117
Glossary	147
Suggested Reading	149
Meet the Authors	151
Photo Credits	153

Table des matières

Préface	5
Messages	7
Introduction	11
Opérations	15
Développement de la nation	83
Service à la communauté	117
Glossaire	147
Lectures suggérées	149
Les auteurs	151
Références photographiques	153

Her Majesty Queen Elizabeth II,
Colonel-in-Chief of the Canadian Military Engineers

Sa Majesté la Reine Elizabeth II,
Colonel en chef du Génie Militaire Canadien

Preface

Canadian military engineers are a proud lot, and they have much to be proud of. Overseas, they are Canada's technicians of battle; at home, they are nation-builders. As well as serving and former members of the profession of arms (soldiers, sailors and Air Force personnel), their community comprises current and past employees of the Department of National Defence, Defence Construction (1951) Ltd., Defence Research and Development Canada and defence-related industries in the private sector, and members of Army Cadet Corps nationwide. Their centennial is a time of celebration, and celebrate they will. It is also a time of reflection.

UBIQUE! is an opportunity for commemorative outreach. Using photographs and a few golden words, this book tells the story of Canada's military engineers and the tenacity with which they established their profession in years past, their contributions to our nation, and their preparations for the challenges that lie ahead. These

Préface

Les ingénieurs militaires canadiens sont fiers et ils ont de quoi l'être. Outre-mer, ils sont les techniciens canadiens du combat; au pays, ils sont des bâtisseurs de la nation. À l'instar des membres en service ou retraités du métier des armes (soldats, marins et membres de la Force aérienne), leur communauté regroupe des employés actifs ou retraités du ministère de la défense, Construction de Défense (1951) Limitée, R & D pour la défense Canada ainsi que l'industrie de défense du secteur privé et des membres du corps des Cadets de l'Armée de tout le pays. Leur centenaire est une occasion de célébrer, et ils le feront. Ce centenaire sera aussi une occasion de réfléchir.

UBIQUE! se veut un outil de liaison commémoratif. À l'aide de photos et de quelques mots choisis, ce livre raconte l'histoire des ingénieurs militaires canadiens et de la ténacité dont ils ont fait preuve pour établir leur profession au cours des années passées, leurs contributions au pays et leurs préparatifs en vue des défis qui les

photographs are not just pictures; in their details, you will see a record of good work done well and proudly.

Chimo! ("Friend" in Inuktitut)

S. C. (Stan) Britton

Executive Director

The Centennial of the Canadian Military Engineers

attendent. Ces photos ne sont pas que des images : elles montrent un travail bien fait, avec précision et en toute fierté.

Chimo! [signifie « ami » en inuktitut]

S.C. (Stan) Britton

Directeur exécutif

Centenaire du Génie militaire canadien

Dispatches

Messages

From the Minister of National Defence

UBIQUE! is a worthy marker of a century of service by the Military Engineering Branch of the Canadian Forces. This is an opportunity for Canadians to join the celebrations as they unfold throughout the year in locations far and wide, in Canada and overseas. It is also a time to give thanks for and commemorate the achievements of military engineers past and present. Indeed, the story of Canada is about national aspiration and personal sacrifice. Through infrastructure development, military and civil operations, and community service, Canadian military engineers in uniform and in civilian dress have contributed much to the building of our nation, both spiritually and in practice. On behalf of the Government of Canada, I offer commendation and best wishes as together we embark on a second century of military engineering service.

The Honourable John McCallum, PC, MP

Du ministre de la Défense nationale

UBIQUE! souligne de façon notable les cent ans de service du Génie militaire des Forces canadiennes. Ce centenaire offrira l'occasion à tous les Canadiens de participer aux célébrations qui se dérouleront tout au long de l'année dans diverses localités au Canada et à l'étranger. Il nous offre aussi l'opportunité de remercier les ingénieurs militaires du passé et du présent, et de commémorer leurs réalisations. En fait, l'histoire du Canada en est une d'aspiration nationale et de sacrifice personnel. Grâce au développement d'infrastructures, aux opérations militaires et civiles et au service à la communauté, les ingénieurs militaires canadiens, en uniforme et en tenue civile, ont contribué à bâtir notre pays, en esprit comme en pratique. Au nom du gouvernement du Canada, j'adresse mes éloges et mes meilleurs souhaits aux ingénieurs militaires canadiens, à l'aube de leur second siècle de service.

L'honorable John McCallum, Député, C.P.

From the Chief of the Defence Staff

The phrase "first in, last out" is a good description of the ubiquitous military engineers of the Canadian Forces.

The year 2003 completes the hundred years of service now being celebrated by Canadian military engineers and the entire profession of arms in Canada. Throughout Canada's history, but particularly during the 20th century, military engineers have been in the forefront of Navy, Army, Air Force and combined operations, including combat engineering, construction engineering, mapping, firefighting and crash rescue.

UBIQUE! stands as a testimonial to a legacy that is, on the one hand, inspirational—the successful application of technologies to overcoming military problems—and, on the other hand, tangible—constructs that helped develop the nation's infrastructure. Today's battlefields are confounding and complex places, and the technical challenges are great. This is where Canada's military engineers stand tall.

Bravo Zulu!

General Raymond Henault

Du chef d'état-major de la Défense

L'expression « premier entré, dernier sorti » décrit bien les omniprésents ingénieurs militaires des Forces canadiennes.

L'année 2003 marque les cent ans de service du Génie militaire canadien, centenaire célébré par les ingénieurs militaires canadiens et l'ensemble de la profession des armes du Canada. Tout au long de l'histoire du Canada, et particulièrement au cours du XXe siècle, les ingénieurs militaires ont été aux premières lignes des opérations de la Marine, de l'Armée et de la Force aérienne, de même que des opérations combinées : génie de combat, génie construction, cartographie, lutte contre les incendies et sauvetage.

UBIQUE! témoigne d'un héritage d'une part inspirant—l'application réussie de technologies pour surmonter des problèmes militaires—et d'autre part tangible—des ouvrages de construction qui ont permis de développer l'infrastructure du pays. Les champs de bataille d'aujourd'hui sont déconcertants et complexes, et les défis techniques y sont immenses. Les ingénieurs militaires canadiens peuvent y marcher la tête haute.

Bravo Zulu!

Général Raymond Henault

From the Colonel Commandant

By all accounts, Canadian military engineers serve Canada well, and they do so without much fanfare. Often their tales are eclipsed by those of others when, in fact, they are themselves compelling.

The authors of *UBIQUE!* have succeeded in using photography to engage the active imagination of Canadians in the subject of military engineering—a subject sometimes felt to be rigid and static. As Colonel Commandant of the Canadian Military Engineering Branch, it is my duty to reach out to, and serve the protocol interests of, serving men and women. As well, I embrace my responsibility to help maintain strong civil-military bonds with the communities across Canada that host our squadrons and regiments. *UBIQUE!* is, in part, the telling of this community legacy and a message of partnership.

Brigadier-General (Ret'd) T. H. M. Silva

Du colonel commandant

Au dire de tous, les ingénieurs militaires canadiens servent bien le Canada, et ils le font sans trop de fanfare. Souvent, leurs histoires sont éclipsées par celles des autres, alors qu'elles sont en fait déterminantes.

Les éditeurs d'UBIQUE! ont réussi, par leurs photos, à susciter l'imagination active des Canadiens sur le sujet du génie militaire—un sujet parfois perçu comme étant rigide et statique. À titre de colonel commandant de la Branche du génie militaire canadien, il est de mon devoir de rejoindre les hommes et les femmes en service actif, tout en servant les intérêts du protocole. Il est aussi de ma responsabilité d'aider à maintenir des liens civilo-militaires solides avec les communautés canadiennes où logent nos escadrons et régiments. *UBIQUE!* est, en partie, l'histoire de cet héritage communautaire et un message de partenariat.

Brigadier-général (à la retraite) T.H.M. Silva

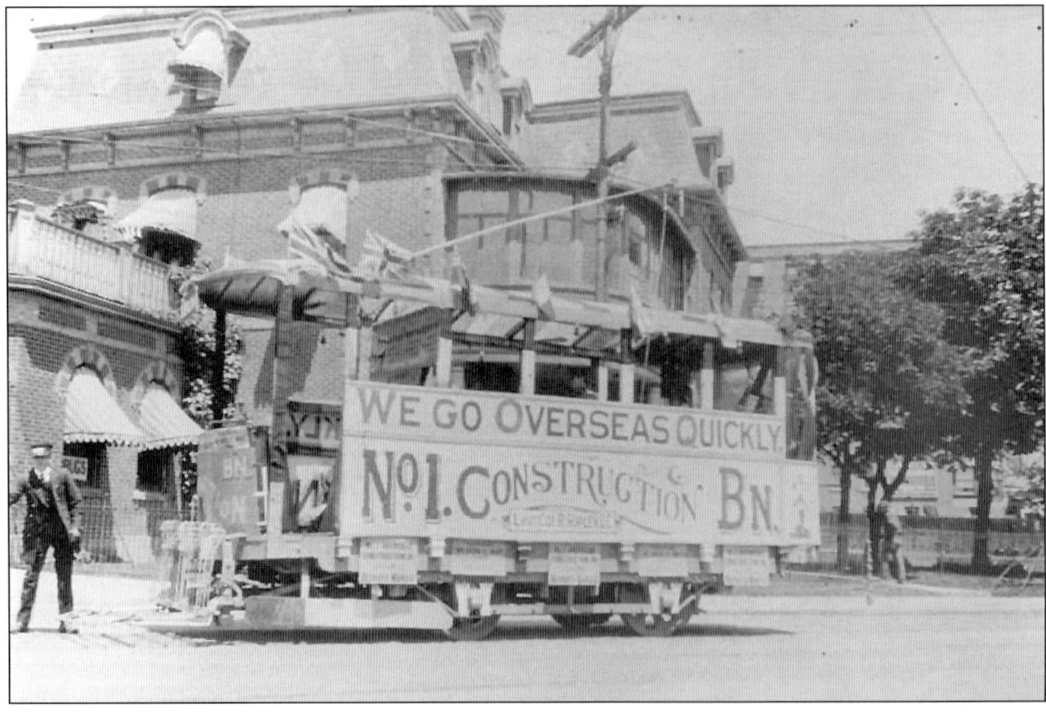

Toronto, Ontario; July 3, 1916: Shunter Car No. 6 of the Toronto Railway Company recruiting for No. 1 Construction Battalion, Canadian Expeditionary Force, at the corner of Roncesvalles Avenue, King Street West and Queen Street West. (NAC PA-070115)

Toronto, Ontario, 3 juillet 1916: La motrice de triage no. 6 de la Toronto Railway Co recrutant pour le 1er bataillon de construction outre-mer au coin des rues King ouest, Queen ouest et de l'av. Roncesvalles. (ANC PA-070115)

Introduction

Military engineers are armed forces personnel trained to apply engineering science and technology to war. Their tasks include building roads, bridges, railways, airfields, field fortifications and obstacles; laying and removing demolition charges and mines; firefighting and chemical defence; and spearheading amphibious assaults by clearing obstacles and mines from the invasion beaches. Canada's first volunteer companies of engineers were formed in 1859, and the Canadian Engineer Corps was added to the Permanent Active Militia on July 1, 1903. They were renamed the Royal Canadian Engineers (RCE) on February 1, 1904.

In any Canadian city founded before 1867, the most casual observer can see the work of military engineers: fortifications, barracks, administrative buildings and, in many cases, the original town plan. The countryside, too, has signs of their presence: blockhouses, gun batteries, roads,

Introduction

Les ingénieurs militaires sont des membres du personnel des forces armées formés pour appliquer la science et la technologie du génie à la guerre. Entre autres tâches, ils construisent des routes, des ponts, des voies ferrées, des terrains d'aviation, des fortifications de campagne et des obstacles, ils posent et enlèvent des charges de démolition et des mines, ils combattent des incendies, ils font de la défense chimique et ils facilitent les assauts amphibies en éliminant obstacles et mines des plages de débarquement. Les premières compagnies de génie bénévoles ont vu le jour en 1859. Le 1er juillet 1903, le Canadian Engineer Corps a été ajouté à la Milice active permanente. Il a été rebaptisé le Génie royal canadien le 1er février 1904.

Chaque ville canadienne fondée avant 1867 porte les traces des ouvrages des ingénieurs militaires : fortifications, casernements, édifices administratifs

bridges, and canal systems. Only the transcontinental railways made comparable contributions to our national infrastructure.

Before Confederation, almost all major public works in Canada were planned and executed by military engineers for, in those days, the Army was the Crown's only reliable source of professional expertise and disciplined labour. During the 20th century, the engineering profession grew and prospered, as did the Government of Canada, but military engineers continued to be tasked with the most challenging projects: the jobs requiring bold ideas, innovative technology, and a highly skilled workforce capable of excellent performance under the most difficult conditions.

Canadian engineers in general, and military engineers in particular, are noted for their ability to adapt available technology (which is sometimes obscure and marginal) to local conditions and the problem at hand. The photographs in this book show what that talent can do when brought to bear in war and peace, at

et, dans nombre de cas, plans d'origine de la ville. La campagne porte, elle aussi, les traces de leur présence : blockhaus, batteries de tir, routes, ponts et réseaux de canaux. Seuls les chemins de fer transcontinentaux ont apporté une telle contribution à notre infrastructure nationale.

Avant la Confédération, la presque totalité de tous les ouvrages réalisés au Canada ont été planifiés et exécutés par des ingénieurs militaires, parce qu'à cette époque, l'Armée constituait la seule organisation d'État capable de fournir une expertise professionnelle fiable et une main-d'œuvre qualifiée. Au cours du XXe siècle, la profession d'ingénieur a grandi et prospéré, comme le gouvernement du Canada, mais les ingénieurs militaires ont continué de se voir confier la plupart des grands projets, parce qu'ils nécessitaient des idées énergiques, une technologie novatrice et une main-d'œuvre hautement qualifiée, capable d'exceller dans les conditions les plus difficiles.

Les ingénieurs canadiens en général, et les ingénieurs militaires en particulier, sont reconnus

home and abroad, in great enterprises and to satisfy local needs.

pour leur capacité à adapter la technologie disponible, une technologie parfois obscure et marginale, aux conditions locales et au problème à traiter. Les photographies exposées dans ce livre montrent ce que ce talent peut accomplir lorsque utilisé en temps de guerre et en temps de paix, au pays ou à l'étranger, dans de grandes entreprises ou pour satisfaire des besoins locaux.

Sennelager Training Area, West Germany; summer 1965: Sapper Ken Martinell of 4th Field Squadron, RCE, stays with his Euclid earth-mover while putting in a little guitar practice during a NATO exercise. (CFJIC EF65-9772-41)

Secteur d'entraînement de Sennelager, Allemagne de l'Ouest, été 1965: le sapeur Ken Martinell reste près de son engin de terrassement Euclid tout en pratiquant un peu sa guitare lors d'un exercice de l'OTAN. (CIIFC EF65-9772-41)

Operations

Opérations

Over a century of service, the innumerable functions of Canada's military engineers have varied widely from one conflict to the next, sometimes at the stroke of a headquarters pen on a General Order.

During the First World War (1914–18), the range and scale of military engineers' tasks became so vast that the RCE spawned the Forestry Corps to produce construction materials, the Railway Corps to maintain and operate rail systems in operational areas, and the Pioneer Corps to build large-scale defences. Direct combat support was done by Field Companies that brought up defensive stores directly behind an advance, prepared defensive positions in case of counter-attack, and occasionally accompanied the infantry on trench raids.

During the Second World War (1939–45), the Civil Division of the Royal Canadian Navy (RCN) modernized and expanded the bases at Halifax and Esquimalt, the Works Division of the Royal Canadian Air Force (RCAF) built dozens of airfields and bases, and the RCE built

Tout au long de ce siècle de service, les fonctions innombrables des ingénieurs militaires canadiens ont varié considérablement d'un conflit à un autre, parfois à la grâce d'un simple trait de stylo sur une ordonnance générale.

Durant la Première Guerre mondiale (1914–1918), l'éventail et la portée des tâches confiées aux ingénieurs militaires s'élargissent tellement que le Génie royal canadien crée le corps de foresterie, chargé de produire le matériel de construction, le corps de construction du chemin de fer, chargé de maintenir et d'exploiter les réseaux ferroviaires situés dans les zones opérationnelles, et le corps des pionniers, chargé de construire des ouvrages de défense à grande échelle. L'appui direct au combat était assuré par les compagnies de campagne, qui transportaient le matériel de défense directement derrière une avancée, préparaient des positions de défense en cas de contre-attaque et, à l'occasion, accompagnaient l'infanterie dans des raids dans les tranchées ennemies.

Durant la Seconde Guerre mondiale (1939–1945), la Division civile de la Marine royale du Canada modernise et agrandit les bases d'Halifax et

accommodations and training facilities for an army that eventually recruited 750,000 Canadians. Overseas, Canadian sappers fought through Italy, Normandy, the Netherlands and Germany, clearing minefields, building bridges, repairing roads, and mapping the front to keep the armies moving. They hit the invasion beaches first to clear obstacles and, once ashore, they often worked under artillery bombardment and mortar fire. On more than one occasion, they faced German machine-guns.

The Korean War took Canadian military engineers to a new country to do very familiar tasks, especially road construction, for the Korean peninsula boasted only one major highway. Mine-laying and mine-clearing were also primary tasks, as the United Nations troops settled down to siege warfare along the 38th parallel.

During the Cold War and in the present day, Canada's military engineers have continued to excel in the areas of mapping, firefighting, crash rescue, construction and field engineering.

d'Esquimalt, la Division des travaux de l'Aviation royale du Canada construit des dizaines de terrains d'aviation et de bases, et le Génie royal canadien construit des logements et des installations d'entraînement pour une armée qui recrutera éventuellement 750 000 Canadiens. À l'étranger, les sapeurs canadiens combattent en Italie, en Normandie, aux Pays-Bas et en Allemagne. Ils nettoient des champs de mines, bâtissent des ponts, réparent des routes et cartographient le front, pour aider les armées à avancer. Ils débarquent les premiers sur les plages d'invasion pour enlever les obstacles et, une fois à terre, travaillent souvent sous les bombardements de l'artillerie et le feu des mortiers. Ils essuient plus d'une fois le feu des mitrailleuses allemandes.

La guerre de Corée a mené les ingénieurs militaires canadiens dans un tout nouveau pays, pour y accomplir des tâches très familières. Ils ont surtout travaillé à la construction de routes, la péninsule coréenne ne possédant qu'une seule grande route. Ils ont aussi effectué de la pose de mines et du déminage quand les troupes de l'ONU se sont installées le long du 38e parallèle pour une guerre de siège.

Today, the hallmark of their work is flexibility and variety in the application of general engineering principles to a myriad of situations.

Durant la guerre froide, les ingénieurs militaires canadiens ont continué d'exceller dans les domaines de la cartographie, de la lutte contre les incendies et sauvetage, du génie construction et du génie de campagne, tout comme ils le font encore de nos jours. Aujourd'hui, ils sont reconnus pour leur souplesse et leur polyvalence à appliquer les principes généraux du génie à une multitude de situations.

Dunsfold, Surrey; May 1942: Engineers of 2nd Road Construction Convoy, RCE, building an RAF aerodrome. Flying began here only 21 days after work started. (NAC PA-163754)

Dunsfold, Surrey, mai 1942 : des ingénieurs du 2e convoi de construction routière travaillent sur un aérodrome à Dusnfold, Angleterre. Les vols ont commencé ici seulement 21 jours après le début des travaux. (ANC PA-163754)

Castel Frontano, Italy; February 1944: An Allied aircraft takes off from a temporary deck built by the RCE. (NAC PA-130614)

Castel Frontano, Italie, février 1944 : un avion allié décolle d'une piste temporaire construite par le Génie militaire canadien. (ANC PA-130614)

Airfields

The first to apply new technologies to warfare are generally the military engineers, and powered flight was no exception. Airfield construction for the first generation of military aviators in Canada was done by Army engineers, until the RCAF formed its Works Division in 1938. Military engineers were required to build base facilities for the vast air force the government saw as Canada's leading contribution to the coming war, especially the aircrew training program later known as the British Commonwealth Air Training Plan (BCATP).

Between 1939 and 1945, RCAF engineers in Canada laid out hundreds of airfields for home defence, flight training, and to support air traffic to Britain and Alaska. Overseas, Canadian military engineers helped build airfields across Britain and in forward operational areas in continental Europe. Military engineers continued to build airfields after 1945, particularly in the Canadian Arctic as part of the North American air defence system. The airfield construction squadron from

Terrains d'aviation

Les ingénieurs militaires sont généralement les premiers à appliquer les nouvelles technologies au domaine de la guerre, et les vols propulsés n'y ont pas fait exception. Ce sont des ingénieurs de l'armée qui ont travaillé à la construction des terrains d'aviation destinés à la première génération d'aviateurs militaires canadiens, jusqu'à ce que l'Aviation royale du Canada forme sa Division des travaux en 1938. Les ingénieurs militaires ont été chargés de construire les installations des bases pour la Force aérienne. Cette force aérienne a constitué la principale contribution du Canada à la guerre qui s'annonçait, en particulier son programme d'entraînement des équipages aériens, connu plus tard sous le nom de Programme d'entraînement aérien du Commonwealth.

Entre 1939 et 1945, les ingénieurs de l'Aviation royale du Canada ont mis en place des centaines de terrains d'aviation destinés à la défense du pays, à l'entraînement au pilotage et au soutien du trafic aérien vers la Grande-Bretagne et l'Alaska. À l'étranger, les ingénieurs militaires canadiens ont

CFB Lahr, Germany, built bases at Qatar during the Gulf War of 1991, and 4 Airfield Engineer Squadron (AES) at Cold Lake, Alberta, continues to construct deployed airfields wherever the Canadian Forces flies.

Korea; January 1952: RCE sappers using a borrowed Centurion tank to build an airstrip. (NAC PA-115808)

Corée, janvier 1952 : des membres du Génie militaire canadien utilisent un char Centurion emprunté pour construire une piste d'atterrissage. (ANC PA-115808)

aidé à la construction de terrains d'aviation en Grande-Bretagne et dans certaines régions opérationnelles avancées de l'Europe continentale. Les ingénieurs militaires ont continué de construire des terrains d'aviation après 1945, surtout dans l'Arctique canadien dans le cadre de l'établissement du système de défense aérienne de l'Amérique du Nord. L'escadron de construction de terrains d'aviation de la BFC Lahr, en Allemagne, a procédé à la construction de bases au Qatar durant la guerre du Golfe de 1991. Le 4e Escadron du génie de l'air de Cold Lake, en Alberta, continue de construire des terrains d'aviation déployés là où volent les Forces canadiennes.

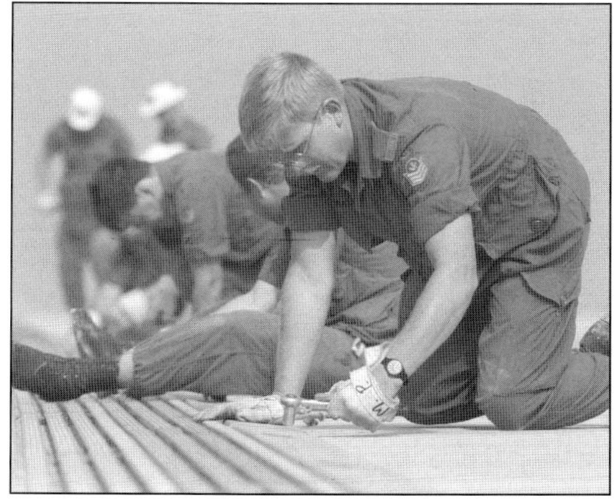

Qatar; January 1991: Canadian military engineers installing a class-60 trackway to make an apron at the airfield known as Canada Dry. With 15 people working around the clock, this job took three days. (CFJIC ISC91-5485-28)

Qatar, janvier 1991 : des ingénieurs militaires canadiens installent une piste démontable de classe 60 qui va servir d'aire de trafic sur le terrain d'aviation connu sous le nom de « Canada Dry ». Avec 15 personnes travaillant nuit et jour, ce travail fut complété trois jours. (CIIFC ISC91-5485-28)

Qatar; March 1991: Engineers from 4 CER dismantle the class-60 trackway used as an apron at Canada Dry. (CFJIC ISC91-5483)

Qatar, mars 1991 : des ingénieurs du 4e Régiment du génie démontent la piste de classe 60 utilisée comme aire de trafic sur le « Canada Dry ». (CIIFC ISC91-5483)

Near Arras, France; September 1918: Canadian sappers put the finishing touches on a bridge. (NAC PA-003163)

Près d'Arras, France, septembre 1918 : des sapeurs canadiens mettent la touche finale à un pont. (ANC PA-003163)

Bridging

Bridging is in the military engineers' repertoire for good reason: any advancing army will inevitably encounter an otherwise impassable gully, canal or river.

Until the early 20th century, sappers built bridges out of wood, often from materials gathered, scrounged or manufactured on site. The First World War saw the introduction of the first prefabricated bridge, the Inglis. Between the wars, further development of pre-fabricated bridging produced the Bailey bridge and the armoured bridge layer, which is a span driven into place on a tank chassis. Despite technical innovations,

Pontage

Le pontage fait partie du répertoire des ingénieurs militaires pour une bonne raison : toute armée qui avance va inévitablement rencontrer une ravine, un canal ou une rivière infranchissable.

Jusqu'au début du XXe siècle, les sapeurs construisaient les ponts avec du bois, souvent à partir des matériaux recueillis, empruntés ou fabriqués sur place. La Première Guerre mondiale a été le théâtre de l'introduction du premier pont préfabriqué, le pont Inglis. Entre les deux guerres, le développement de ponts préfabriqués s'est poursuivi et a donné naissance au pont Bailey, et aux engins blindés poseurs de pont qui sont une travée transportée sur le châssis d'un char. Cependant, malgré les innovations techniques, le pontage dans une zone de combat est toujours une entreprise périlleuse : les bons sites de ponts sont inévitablement identifiés par l'ennemi et classés

Germany; March 1945: Bailey spans stacked ready for *Operation VARSITY* in a dump about 5 km from the Rhine River. (IWM B15755)

Allemagne, mars 1945 : travées de ponts Bailey empilées pour l'*Opération VARSITY* dans un dépôt à environ 5 km du Rhin. (IWM B15755)

Near Cambrai, France; October 1918: Canadian sappers building a bridge over the Canal du Nord. (NAC PA-003500)

Près de Cambrai, France, octobre 1918 : des sapeurs canadiens construisent un pont au-dessus du Canal du Nord. (ANC PA-003500)

however, bridging in a combat zone is always a deadly business, as good bridge sites will be identified as such by the enemy and pre-registered as artillery and mortar targets.

Engineers continue to develop and practise bridging using all kinds of materials, not only to prepare for war, but also to be ready to help in the event of natural disasters at home and abroad.

comme objectifs pour l'artillerie ou les tirs de mortier.

Les ingénieurs continuent de développer le pontage, faisant appel à différents matériaux, non seulement pour se préparer à une guerre éventuelle, mais aussi pour être en mesure d'aider dans l'éventualité d'une catastrophe naturelle au pays ou à l'étranger.

Caen, France; August 1944: Monty's Bridge, built in eight days by the 20th Field Company, RCE. (NAC PA-169327).

Caen, France, août 1944 : pont de Monty, construit en huit jours par la 20e Compagnie de campagne du GMC. (ANC PA-169327).

The Netherlands; October 1944: 16th Field Company, RCE, building Bailey pontoon rafts so Canadian artillery can cross the Scheldt River. (NAC PA-168669)

Pays-Bas, octobre 1944 : membres de la 16e Compagnie de campagne du GMC construisant des ponts flottants Bailey pour que l'artillerie canadienne puisse traverser l'Escaut. (ANC PA-168669)

Meaford, Ontario; April 1990: Sappers from 2 CER launch a "medium-girder bridge" (MGB), light equipment ideal for the short term. (CFJIC IOC90-8-51)

Meaford, Ontario, Avril 1990 : des sapeurs du 2e RG lancent un « pont moyen », équipement léger idéal pour les besoins à court terme. (CIIFC IOC90-8-51)

Meaford, Ontario; May 1979: Sappers from 2 CER construct a non-standard bridge from locally available materials. (NAC PA-79-1222)

BFC Petawawa, Ontario, mai 1979 : des sapeurs du 2e RG construisent un pont non standard à partir des matériaux disponibles sur place. (ANC PA-79-1222)

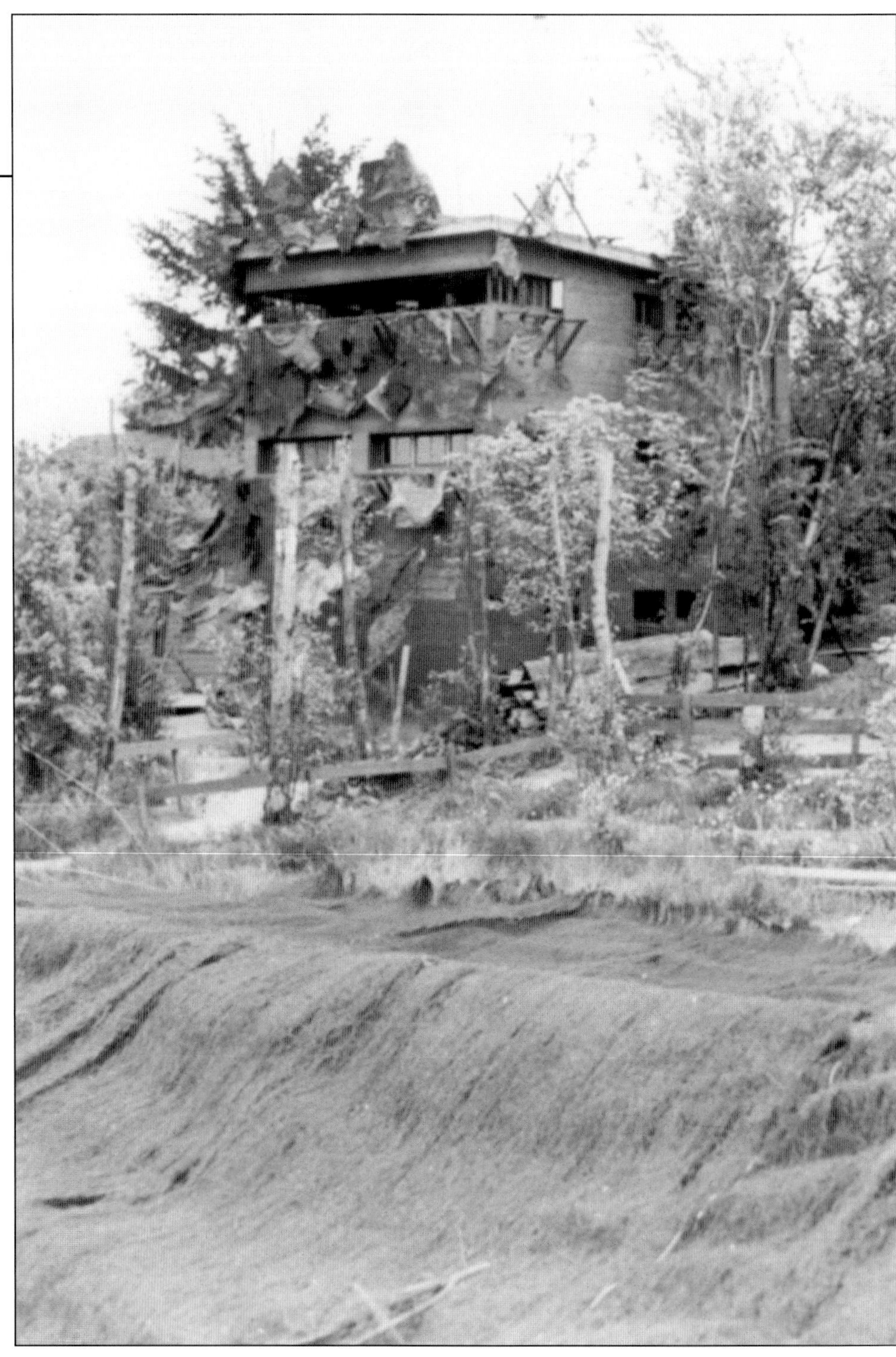

Vancouver, British Columbia; May 1943: Camouflage netting changes the silhouette of this battery observation post at Point Grey Fort. (NAC C121369)

Vancouver, Colombie-Britannique, mai 1943 : des filets de camouflage modifient la silhouette de ce poste d'observation du fort de Point Grey. (ANC C121369)

Camouflage, Concealment and Deception

In the 19th century, high-powered firearms and increasingly sophisticated reconnaissance techniques forced soldiers to learn how to hide themselves and their activities from the enemy. Engineers took on the task of blending the visible evidence of military operations into their surroundings.

Using paint, netting and smoke like theatrical set-builders, engineers concealed gun positions, observation posts, medical facilities, supply depots, airfields, bridging operations—even entire armies. Aircraft, vehicles and buildings were painted to look like anything but what they were, and fake aircraft were parked on airfields to decoy enemy bombers. During the liberation of the Netherlands and the Rhineland campaign in the Second World War, military engineers created smokescreens that cloaked the banks of canals and the Maas and Rhine Rivers for up to 40 kilometres so as to disguise armadas of assault boats and amphibious vehicles, and the thousands of soldiers they carried.

Camouflage, dissimulation et déception

Au XIXe siècle, les armes à feu de grande puissance et les techniques de reconnaissance de plus en plus sophistiquées ont forcé les soldats à apprendre à se dissimuler, et à dissimuler leurs activités aux yeux de l'ennemi. Les ingénieurs se sont attaqués au camouflage de toute preuve visible d'opérations militaires sur ses terrains.

En ayant recours à la peinture, à des filets et à la fumée, comme des décorateurs de théâtre, les ingénieurs ont travaillé à dissimuler les positions de tir, les postes d'observation, les installations médicales, les dépôts de munitions, les terrains d'aviation, les opérations de pontage—même des armées entières. On peignait les aéronefs, les véhicules et les bâtiments de façon qu'ils ressemblent à tout sauf à ce qu'ils étaient et on stationnait de faux aéronefs sur des terrains d'aviation pour leurrer les bombardiers de l'ennemi. Durant la libération des Pays-Bas et la campagne de Rhénanie, les ingénieurs militaires ont créé des écrans de fumée qui ont envahi les berges de canaux, de la Meuse et du Rhin sur plus

Today, although individual Canadian Forces members and units are responsible for camouflaging and concealing their immediate area of responsibility, the engineers handle the larger tasks.

de 40 km afin de dissimuler des flottes de bateaux d'assaut et de véhicules amphibies, et les milliers de soldats qu'ils transportaient.

Aujourd'hui, même si les membres et les unités des Forces canadiennes sont responsables des opérations de camouflage et de dissimulation dans leur secteur immédiat de responsabilité, les ingénieurs continuent de s'occuper des tâches les plus importantes.

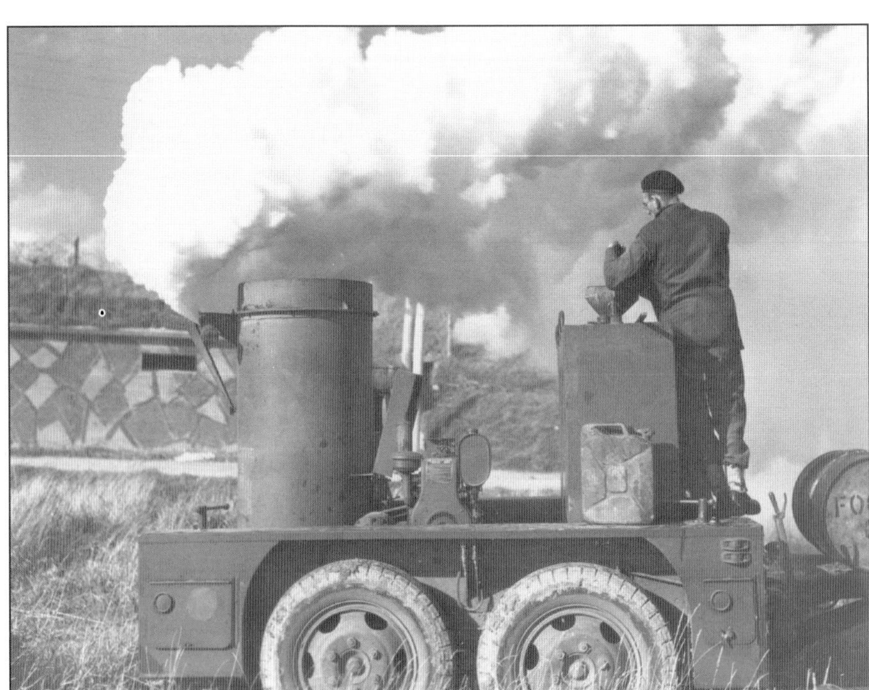

Belgium; October 1944: Sappers of the 806th Smoke Company, Pioneer Corps (a British unit led by RCE officers), fill an Esso smoke generator used to mask river crossings. (NAC PA-167998)

Belgique, octobre 1944 : des sapeurs de la 806e Smoke Company, Pioneer Corps (une unité britannique dirigée par des officiers du GRC) remplissent un véhicule fumigène Esso utilisé pour camoufler les passages d'un cours d'eau. (ANC PA-167998)

CFB Baden-Söllingen, Germany; March 1992: CF-18 Hornet fighters of 421 Squadron fly over airfield buildings and hangars designed to blend into the landscape. From this angle, it is easy to see how a fake aircraft or decoy runway could fool a pilot into attacking the wrong target. (CFJIC BAC92-192-4)

BFC Baden-Söllingen, Allemagne, mars 1992 : des chasseurs CF–18 Hornet du 421e Escadron survolent des bâtiments et hangars d'un terrain d'aviation conçus pour se fondre dans le paysage. De cet angle, il est facile de constater comment un avion ou leurre factice pourrait tromper un pilote et l'amener à attaquer la mauvaise cible. (CIIFC BAC92-192-4)

Bernières-sur-mer, France; June 1947: Temporary grave markers installed by 1st CCC, RCE. (Commonwealth War Graves Commission)

Bernières-sur-mer, France, juin 1947 : stèles funéraires temporaires posées par la 1re Compagnie de construction de cimetières du GRC. (Commission des sépultures de guerre du Commonwealth)

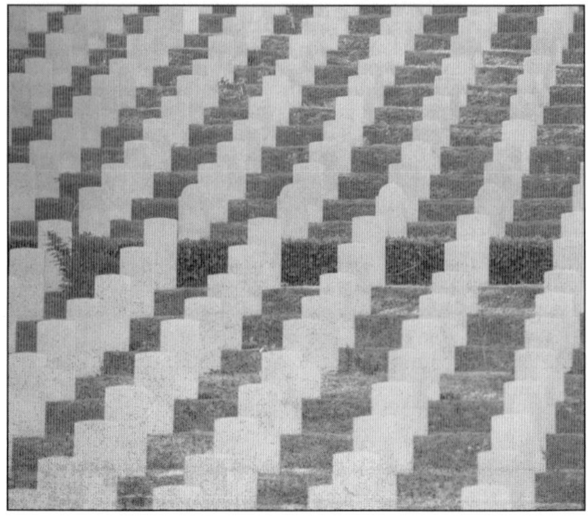

Hong Kong; December 1995: War Graves Commission tombstones marking the graves of Canadian soldiers at Sai Wan Cemetery. (CFJIC SUC95-287-3A)

Hong Kong, décembre 1995 : des pierres tombales de la Commission des sépultures de guerre du Commonwealth marquent les tombes de soldats canadiens au cimetière Sai Wan. (CIIFC SUC95-287-3A)

Cemeteries

Canadians build monuments to commemorate their dead, especially those who lost their lives in great communal efforts, such as warfare. As this tradition is shared with the other nations of the Commonwealth, the Imperial (later Commonwealth) War Graves Commission was formed in 1919 to ensure that the dead of the Great War would be correctly and respectfully interred, a task that continues to this day for the fallen of later wars.

At the end of the Second World War, Canadian military engineers were temporarily employed in the construction of Commonwealth war cemeteries. Bernières-sur-mer and Cintheaux in Normandy have monuments by No. 1 Cemetery Construction Company (CCC) and No. 2 CCC respectively. A monument by No. 3 CCC (the last Canadian sapper unit to operate in northwest Europe during the war) stands at Bergen-op-Zoom in the Netherlands.

Cimetières

Les Canadiens ont érigé des monuments à la mémoire de leurs morts, en particulier à la mémoire de tous ceux qui ont perdu la vie à la guerre. Comme les autres nations du Commonwealth partagent cette tradition avec le Canada, la Imperial War Graves Commission (et plus tard la Commonwealth War Graves Commission) a été créée en 1919 pour assurer aux morts de la Grande guerre un enterrement correct et respectueux, une tâche qui se poursuit encore aujourd'hui pour tous les soldats tombés au champ des guerres plus récentes.

À la fin de la Seconde Guerre mondiale, les ingénieurs militaires canadiens ont été temporairement employés à la construction de cimetières militaires du Commonwealth. On trouve à Bernières-sur-mer et à Cintheaux en Normandie des monuments érigés respectivement par la Compagnie de construction de cimetières no 1 et la Compagnie de construction de cimetières no 2, et un autre monument érigé par la Compagnie de construction de cimetières no 3 (la dernière unité de sapeurs canadiens à opérer en Europe du Nord-Ouest durant la guerre) à Bergen-op-Zoom aux Pays-Bas.

Combat Diving

From Victorian times, Canadian military engineers have reconnoitred underwater for tasks such as determining where to place bridge piers and measuring beach gradients for assault landings, but it was the introduction of scuba gear during the 1940s that made underwater operations truly effective. The first combat divers trained at their own expense, and one of the first combat diving operations was performed in Germany, where members of 4 Field Squadron recovered bridging equipment.

In 1963, the Canadian Army acquired the M113 armoured personnel carrier, which had limited amphibious capability, and combat divers were needed thereafter to reconnoitre wading sites, lay mines at crossings to deny their use to the enemy, clear underwater mines and booby traps, and repair damaged bridging and rafting. Since the 1960s, combat divers (who are still sappers) have joined surveyors, heavy equipment operators and firefighters as specialist members of the military engineer family.

Plongée de combat

Depuis l'époque victorienne, les ingénieurs militaires canadiens ont plongé sous l'eau, pour déterminer l'emplacement idéal de piliers de ponts ou mesurer les pentes des plages en vue de débarquements d'assaut, mais ce n'est qu'avec l'introduction du scaphandre, durant les années 40, que les opérations sous-marines sont devenues réellement efficaces. Les premiers plongeurs de combat payaient leur formation de leur propre poche, et une des premières opérations de plongée de combat a eu lieu en Allemagne, quand des membres du 4e Escadron de campagne ont plongé pour récupérer du matériel de pontage.

En 1963, l'Armée canadienne a fait l'acquisition du véhicule blindé de transport de troupes M113. Les capacités amphibies de ce véhicule étaient limitées, et il fallait donc pouvoir compter sur des plongeurs de combat pour faire la reconnaissance des passages à gué, poser des mines aux points de passage pour éviter que l'ennemi les utilise, enlever les mines immergées et les pièges, et réparer les ponts et radeaux endommagés. Depuis les années 60, les plongeurs de combat (qui sont toujours des sapeurs) ont joint les rangs des arpenteurs, des opérateurs de machinerie lourde et des pompiers à titre de spécialistes de la grande famille du génie militaire.

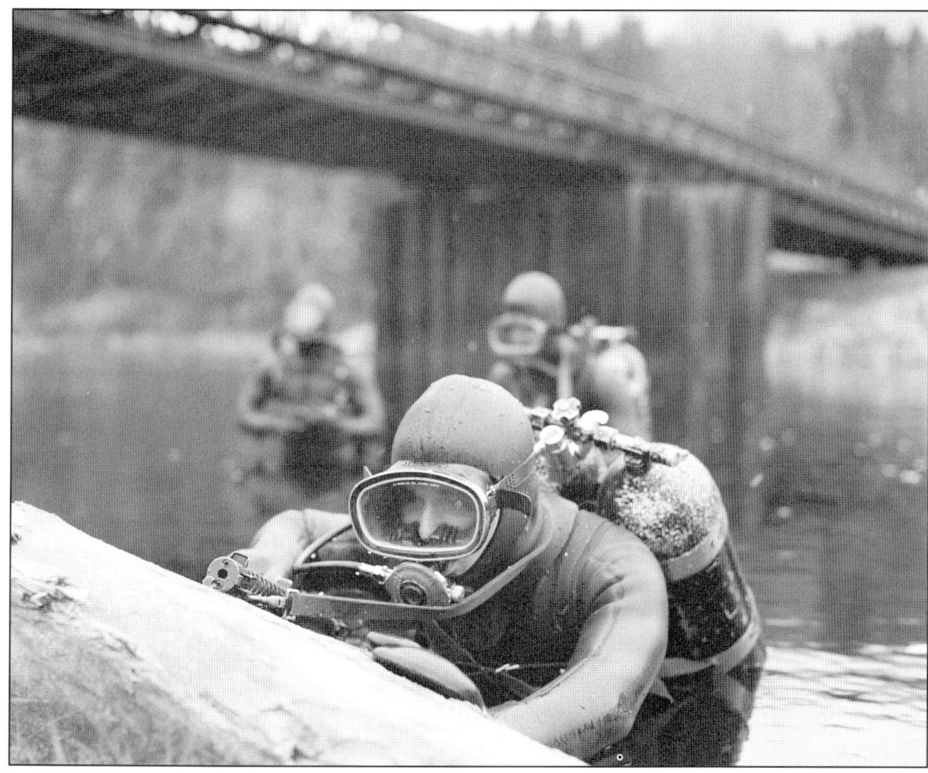

CFB Valcartier, Quebec; October 1980: Combat divers emerge from the water after a bridge recce. (CFJIC PCN 80-497)

BFC Valcartier, Québec, octobre 1980 : des plongeurs de combat émergent de l'eau après une mission de reconnaissance sous un pont. (CIIFC PCN 80-497)

Victoria, British Columbia; summer 1999: During *Exercise ROGUISH BUOY*, a combat diver takes a chainsaw to an underwater piling in Esquimalt harbour. (CFJIC ETC99-0132-21)

Victoria, Colombie-Britannique, été 1999 : durant l'exercice *Roguish Buoy*, un plongeur de combat utilise une scie mécanique près d'un pilier dans le port d'Esquimalt. (CIIFC ETC99-0132-21)

Construction

Construction—the provision of permanent accommodation—is yet another basic engineer task and, if military engineers don't do it themselves, they are responsible for getting it done. For many years, the RCN, the RCAF and, to a lesser extent, the Army relied on civilians for major construction projects, but by 1922, when five Air Force stations opened across Canada, the RCE had grown in size and expertise to such an extent that the airfield construction projects were supervised by the Engineering Officer of the Military District in which each station was located.

The Second World War was a construction bonanza. In 1939, the RCN had two bases; by VE Day, it had 13 of varying functions and sizes. The RCAF grew from six stations in 1939 to hundreds of facilities by 1945. Home War Establishment projects included 24 miles of paved runway, 210 miles of road, 133 hangars and 1,449 other buildings. For the BCATP (history's biggest flying school) and Royal Air Force (RAF) training operations in Canada, the RCAF built

Construction

La construction — la mise en place d'installations permanentes — est une autre des tâches de base des ingénieurs. Même lorsque les ingénieurs militaires ne travaillent pas eux-mêmes à la construction des installations, ils sont responsables de voir à ce d'autres fassent le travail. Pendant de nombreuses années, la Marine royale du Canada, l'Aviation royale du Canada et, dans une moindre mesure, l'Armée ont eu recours à des civils pour les grands projets de construction. Mais en 1922, moment où cinq stations de la Force aérienne ont ouvert leurs portes à travers le Canada, le Génie royal canadien a vu sa taille et son expertise s'accroître, à un point tel que la supervision des projets de construction de terrains d'aviation a été confiée à l'officier du génie du district militaire de chacune des stations.

La Seconde Guerre mondiale a été fertile à la construction. En 1939, la Marine royale du Canada possédait deux bases; le jour de la Victoire en Europe, elle en avait treize, de tailles et de fonctions diverses. L'Aviation royale du Canada est passée de six stations en 1939 à des centaines d'installations en 1945. Les projets de service territorial ont porté notamment sur la construction

Camp Valcartier, Quebec; November 1933: Under the supervision of military engineers, labourers raise a truss at the new Militia supply depot. (NAC PA-035440)

Camp de Valcartier, Québec, novembre 1933 : sous la supervision d'ingénieurs militaires, des ouvriers soulèvent une ferme de toit au nouveau dépôt d'approvisionnement de la Milice. (ANC PA-035440)

accommodations for 98 flying schools and 184 ancillary units. The RCAF also built bases for the Northwest Staging Route, by which the Americans ferried aircraft to Alaska, and in Newfoundland and Labrador for RAF Ferry Command, which conveyed aircraft to Britain.

During the Cold War, all three services maintained construction units. In 1968, at unification, 1 Construction Engineering Unit (CEU), RCAF (formed in 1962 to build and maintain airfields for

de 24 milles de pistes pavées, de 210 milles de routes, de 133 hangars et de 1 449 autres bâtiments. Pour le Programme d'entraînement aérien du Commonwealth (le plus important programme de pilotage de l'histoire) et les opérations d'entraînement de la Royal Air Force (RAF), l'Aviation royale du Canada a procédé à la construction de bâtiments pour 98 écoles de pilotage et 184 unités auxiliaires. L'Aviation royale du Canada a aussi construit des bases pour la ligne d'étapes du Nord-Ouest, route par laquelle les

NORAD), became a Canadian Forces unit with a wider repertoire: as well as airfields, it built bridges in northern Canada, camp facilities in the Golan Heights, and CFS Alert on Ellesmere Island, the world's northernmost permanent settlement. Today, this joint force unit designs and builds facilities all over the globe.

Américains convoyaient leurs aéronefs vers l'Alaska et à Terre-Neuve-et-Labrador pour le RAF Ferry Command qui convoyait ses aéronefs vers la Grande-Bretagne.

Durant la guerre froide, les trois services ont maintenu des unités de construction. En 1968, au moment de l'unification des trois éléments, la 1re Unité du Génie construction de l'Aviation royale du Canada (formée en 1962 pour construire

Dartmouth, Nova Scotia; July 1938: A barrack block under construction at RCAF Station Dartmouth. (NAC PA-133569)

Dartmouth, Nouvelle-Écosse, juillet 1938 : un bâtiment de caserne en construction à la Station Dartmouth de l'ARC. (ANC PA-133569)

Somewhere in Canada, ca. 1940: A Warren-truss hangar, one of hundreds built for the BCATP. Many are still in use today; some are protected as heritage buildings. (DHH 74/20)

Quelque part au Canada, vers 1940 : un des centaines de hangars à poutres Warren construits pour le Programme d'entraînement aérien du Commonwealth. Bon nombre de ces hangars sont encore utilisés aujourd'hui; certains ont été déclarés édifices du patrimoine. (DHP 74/20)

et entretenir les terrains d'aviation du NORAD) est devenue une unité des Forces canadiennes. Son champ s'est alors élargi : en plus de construire des terrains d'aviation, l'unité a à son actif la construction de ponts dans le Nord canadien, de camps dans le plateau du Golan et de la Station des Forces canadiennes Alert sur l'île d'Ellesmere, l'installation permanente la plus nordique de la planète. Aujourd'hui, cette unité de la force interarmées conçoit et construit des installations partout dans le monde.

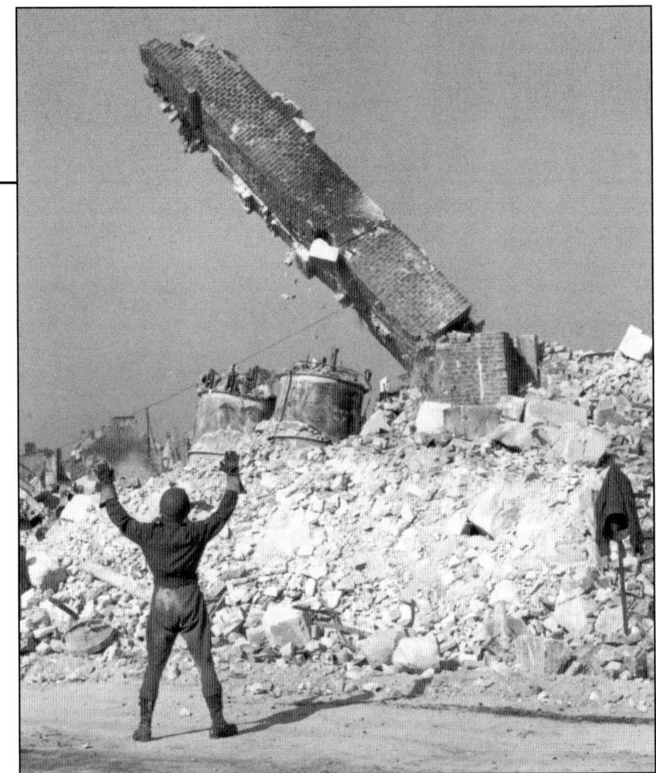

Caen, France; August 1944: Sappers from 23rd Field Company, RCE, demolishing the dangerous wreckage of a bombed-out building. (NAC PA-138287)

Caen, France, août 1944 : des sapeurs de la 23e Compagnie de campagne, Génie royal canadien, faisant tomber les ruines dangereuses d'un bâtiment détruit par une bombe. (ANC PA-138287)

Vukovar, Croatia; May 1992: Sappers from 4 CER use a Badger armoured engineer vehicle to bring down a building damaged beyond repair. (CFJIC ISC92-4007-10)

Vukovar, Croatie, mai 1992 : des sapeurs du 4e Régiment du génie utilisent un engin blindé du génie Blaireau pour démolir un immeuble trop endommagé pour être réparé. (CIIFC ISC92-4007-10)

Demolition

The task of military engineers is to ensure that friendly forces can live, move and fight, which includes ensuring that the enemy cannot do the same. Destroying infrastructure and facilities that could be useful to the opposing force is a big part of the job.

The First and Second World Wars gave Canadian sappers little operational experience of demolition, as they took the field each time after initial withdrawals were completed. In 1941, Canadian military engineers went to Spitzbergen to demolish its coalmines, but the rest of the war was mainly

Camp Wainwright, Alberta; June 1979: A sapper from 1 CER tapes explosives to a bridge girder. (CFJIC CLC79-1141)

Camp de Wainwright, Alberta, juin 1979 : un sapeur du 1er Régiment du génie pose des explosifs sur une poutre d'un pont. (CIIFC CLC79-1141)

Démolition

La mission des ingénieurs militaires est de s'assurer que les forces amies peuvent survivre, se déplacer et combattre, tout en s'assurant que l'ennemi ne puisse faire de même. Détruire l'infrastructure et les installations qui pourraient servir à la force d'opposition constitue une part importante de leur travail.

Les Première et Seconde Guerres mondiales ont fourni aux sapeurs canadiens peu d'expérience du travail de démolition, ces derniers entrant chaque fois en campagne après les retraits initiaux. En 1941, les ingénieurs militaires canadiens se sont rendus à Spitzbergen pour détruire ses mines de charbon, mais le reste de la guerre a été surtout le fait d'opérations offensives, la construction étant plus souvent nécessaire que la démolition. Durant la guerre froide, les sapeurs canadiens en Allemagne ont élaboré et mis en pratique des plans de démolition pour presque chaque pont du pays en préparation d'une invasion soviétique qui ne s'est jamais réalisée. Les sapeurs canadiens continuent de s'entraîner à la démolition et ont été

offensive, and construction was required more than demolition. During the Cold War, Canadian sappers in Germany developed and practised demolition plans for almost every bridge in the country in preparation for a Soviet invasion that never came. Canadian sappers continue to train in demolition, and were most recently called on operationally in 2002, in Afghanistan.

récemment appelés à participer à des opérations en Afghanistan en 2002.

Tora Bora Mountains, Afghanistan; May 2002: Canadian field engineers prepare C4 explosive charges to destroy caves so al-Qaeda terrorists cannot use them. (CFJIC AP2002-5424)

Montagnes de Tora Bora, Afghanistan, mai 2002 : des ingénieurs canadiens préparent des charges explosives C4 pour détruire des grottes afin que les terroristes d'Al-Quaïda ne puissent plus les utiliser. (CIIFC AP2002-5424)

Kandahar, Afghanistan; July 2002: The cloud of dust and smoke produced when the sappers of 12 FES destroyed a 11,340-kg stockpile of enemy ammunition and weapons. (CFJIC AP2002-5625

Kandahar, Afghanistan, juillet 2002 : nuage de poussière et de fumée suivant la destruction par des sapeurs du 12e Escadron du génie d'une réserve de munitions et d'armes de l'ennemi de 11 304 kg. (CIIFC AP2002-5625)

Field Accommodation

Canadian military engineer units have always recruited skilled trades (carpenters, plumbers, electricians, mechanical systems technicians), for the engineers are responsible for ensuring that the other arms have a roof over their heads. This task includes both conversion of existing buildings and new construction to meet an extraordinary range of requirements: barracks, kitchens, hangars, ammunition storage, family housing, hospitals, machine shops, schools, missile silos, prisons, warehouses, offices, laboratories, garages and recreation centres.

Field accommodations—camps—require facilities of all these types and more. Typically, they must be built fast, in places that may be inaccessible by road, and that usually lack amenities, such as distribution systems for electrical power and potable water. Buildings may have to be converted to uses that were not dreamed of in their original design, and local hazards such as unexploded ordnance must be taken into account. Canadian military engineers are expert at assembling entire communities, complete with perimeter defences, using prefabricated modules and whatever facilities they find on site.

Logement sur le terrain

Les unités du Génie militaire canadien ont toujours recruté des gens de métier qualifiés (menuisiers, plombiers, électriciens, techniciens des systèmes mécaniques), car les ingénieurs ont pour responsabilité de s'assurer que leurs pairs ont un toit au-dessus de leur tête. Cette tâche peut inclure la transformation de bâtiments existants et la construction de nouveaux bâtiments pour répondre aux différents besoins : casernements, cuisines, hangars, entrepôts de munitions, logements familiaux, hôpitaux, ateliers mécaniques, écoles, silos à missiles, prisons, entrepôts, bureaux, laboratoires, garages, et centres récréatifs.

Les logements sur le terrain — les camps — requièrent des installations de ce type et même plus. En général, elles doivent être construites rapidement, dans des endroits qui peuvent être inaccessibles par route et qui souvent ne disposent pas de toutes les commodités nécessaires, comme les systèmes de distribution de l'électricité ou de l'eau potable. Il faudra parfois transformer des bâtiments existants pour des usages qui n'avaient pas été prévus dans les plans d'origine, en tenant compte des dangers locaux comme les explosifs

Senafe, Eritrea; January 2001: Camp Groesbeek, the Canadian base erected by sappers of 4 ESR deployed on *Operation ECLIPSE* with the United Nations Mission in Ethiopia and Eritrea. (CFB Gagetown)

Senafe, Érythrée, janvier 2001 : le camp Groesbeek, la base canadienne érigée par les sapeurs du 4e Régiment d'appui du génie déployés pour l'*Opération ECLIPSE* avec la mission des Nations Unies en Éthiopie et en Érythrée. (BFC Gagetown)

non explosés. Les ingénieurs militaires canadiens sont des experts de l'assemblage de communautés entières, auxquelles peuvent s'ajouter des ouvrages de défense périphérique. Ils pourront pour ce faire utiliser des modules préfabriqués ou les installations qu'ils trouveront sur place.

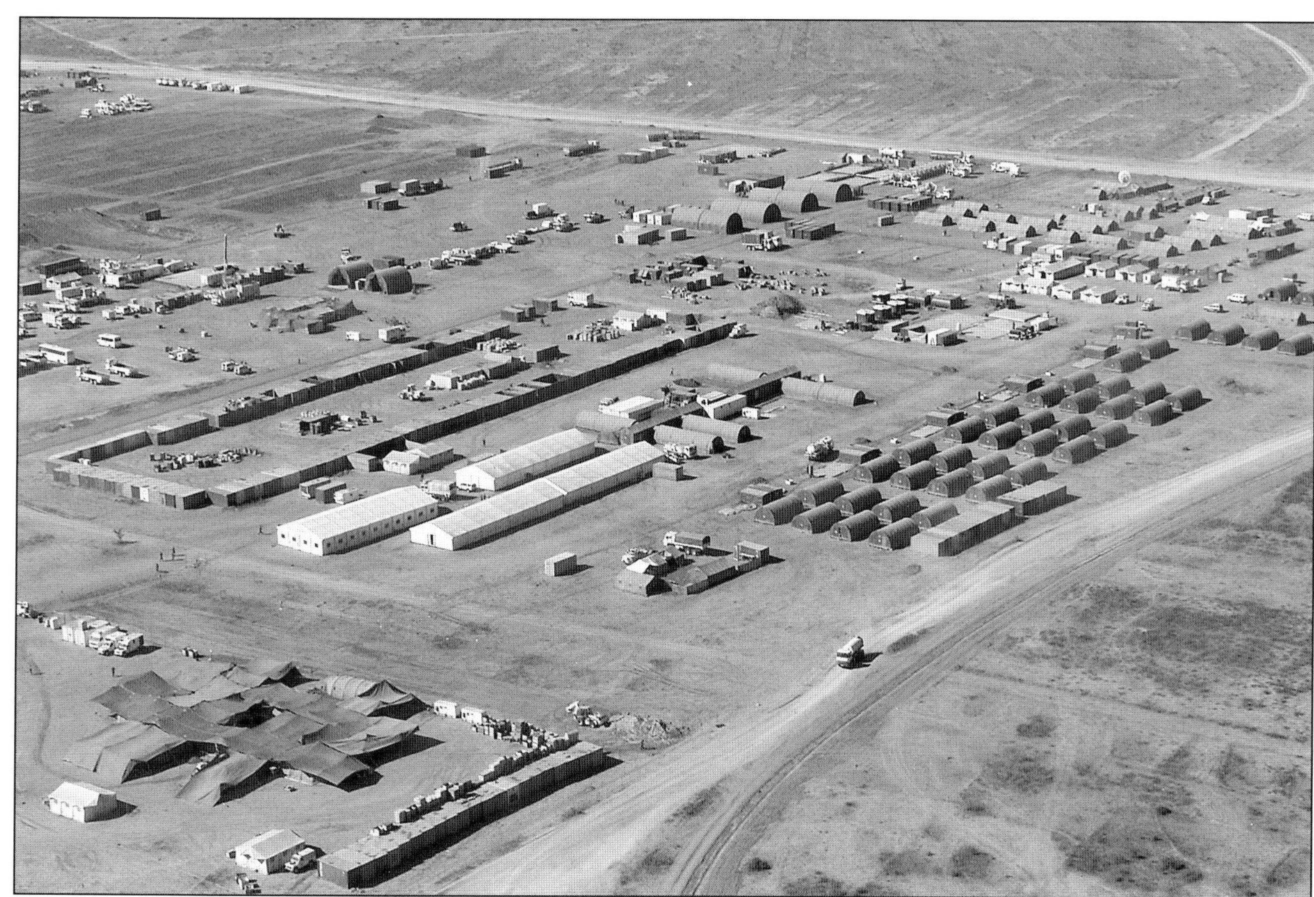

Senafe, Eritrea; January 2001: Sappers of 4 ESR erect the frame of a Weatherhaven™ shelter that will be home for Canadian soldiers based at Camp Groesbeek. (CFJIC ISD01-0038a)

Senafe, Érythrée, janvier 2001 : des sapeurs du 4e Régiment d'appui du génie érigent la structure d'un abri Weatherhaven^MC qui servira de logis aux soldats canadiens basés au camp Groesbeek. (CIIFC ISD01-0038a)

Senafe, Eritrea; January 2001; Camp Groesbeek partially completed. (CFB Gagetown)

Senafe, Érythrée, janvier 2001 : le camp Groesbeek partiellement achevé. (BFC Gagetown)

Senafe, Eritrea; January 2001: Sappers of 4 ESR prepare the site of the septic system at Camp Groesbeek, which will accommodate 540 soldiers. (CFJIC ISD01-0062a)

Senafe, Érythrée, janvier 2001 : les sapeurs du 4e Régiment d'appui du génie préparent le site de la fosse septique du camp Groesbeek, qui logera 540 soldats. (CIIFC ISD01-0062a)

Gander, Newfoundland; June 1944: RCAF firefighters remove a Consolidated Liberator V bomber from a blazing hangar. (NAC PA-145400)

Gander, Terre-Neuve, juin 1944 : des pompiers de l'ARC sortent un bombardier Consolidated Liberator V d'un hangar en feu. (ANC PA-145400)

Firefighting

Those who build military and naval structures are also responsible for ensuring they stay up. Firefighting is an important responsibility of Canadian military engineers, and one of the few fields in which the boundaries that once separated Canada's armed services have disappeared completely.

The Army allocated firefighting to the RCE in 1939, firefighting having been a "general duty" responsibility before then. The RCAF fire service, formed in 1939, became expert in crash rescue, the task of extracting the crew from a crashed aircraft and preventing its fuel tanks and ammunition from exploding. In the RCN, anti-submarine warfare and naval aviation greatly increased the risk of catastrophic fire at sea, and led directly to the development of today's specialized marine firefighting equipment and techniques for ship-borne crash rescue.

Lutte contre les incendies

Ceux qui construisent des structures militaires et navales doivent également s'assurer qu'elles restent debout. La lutte contre les incendies constitue une tâche importante des ingénieurs militaires canadiens. C'est un des rares domaines où les frontières qui séparaient autrefois les services des forces armées canadiennes ont complètement disparu.

L'Armée a confié la responsabilité de la lutte aux incendies au Génie royal canadien en 1939. Cette responsabilité constituait auparavant un service général. Le service d'incendie de l'Aviation royale, formé en 1939, s'est spécialisé dans le domaine du sauvetage, tâche consistant à extraire l'équipage d'un avion accidenté et à empêcher ses réservoirs et ses munitions d'exploser. Dans la Marine royale du Canada, la lutte anti-sous-marine et l'aviation maritime contribuaient grandement à une hausse des risques d'incendie en mer, et ont directement mené au développement de l'équipement et des techniques de lutte contre les incendies maritimes utilisés aujourd'hui.

CFB Borden, Ontario; Spring 1979: During a "live-fire" exercise for firefighter candidates at the Canadian Forces School of Aerospace and Ordnance Engineering, the handline man applies protein foam to a mock-up aircraft fuselage. (Chief Warrant Officer Jim Munro)

BFC Borden, Ontario, printemps 1979 : durant un exercice avec du vrai feu pour les apprentis-pompiers de l'École du génie aérospatial et du matériel des pompiers des Forces canadiennes, l'opérateur de la lance portative applique une mousse à base protéinique sur une maquette de fuselage d'avion. (Adjuc Jim Munro)

Iqaluit, Nunavut; August 1996: Firefighters extinguish the fire caused by the crash of a CF-18 Hornet fighter on the runway at Iqaluit Airport.

Iqaluit, Nunavut, août 1996 : des pompiers éteignent l'incendie causé par l'écrasement d'un chasseur CF-18 Hornet sur la piste de l'aéroport d'Iqaluit.

Gulf of Oman; September 2002: During a crash-on-deck exercise aboard the frigate HMCS *St. John's*, the firefighters of the ship's aviation detachment extract the pilot of a CH-124 Sea King helicopter through the window. (CFJIC HS2002-10290-06)

Golfe d'Oman, septembre 2002 : durant un exercice d'écrasement sur le pont à bord de la frégate NCSM St. John's, les pompiers du détachement aérien du navire extraient le pilote de l'hélicoptère CH-124 Sea King par une fenêtre. (CIIFC HS2002-10290-06)

France; ca. 1917: Soldiers of the Canadian Forestry Corps making railway sleepers with a Canadian mill. (NAC PA-022687)

France, 1917 : des soldats du Corps de foresterie canadien fabriquent des traverses de chemin de fer à l'aide d'un moulin à scie canadien. (ANC PA-022687)

Windsor Great Park, England; ca. 1917: Soldiers of the Canadian Forestry Corps cutting timber into standard lengths for milling. Their equipment includes a cross-cut saw and a peavey that could only have been brought from Canada. (NAC PA4695h)

Windsor Great Park, Angleterre, 1917 : des soldats du Corps de foresterie canadien coupent des billots en longueurs standard pour le moulin. Leur équipement comprend une scie à débiter et un tourne-billes à éperon qui ne peut qu'avoir été amené du Canada. (ANC PA4695h)

Forestry

During the First World War, the armies fighting in France and Belgium required huge quantities of construction materials, especially lumber. They used wood for trench revetments, roof supports in dugouts, road surfaces, and sleepers in tramway and railway tracks. Lumber supply became yet another job for the sappers, and the RCE formed specialized units for that purpose. The Forestry Corps recruited skilled men, especially lumberjacks and timber graders, to log the forests of France and Scotland, and to run the sawmills that turned out the final product.

During the first years of the Second World War, the Forestry Corps operated on private estates in Scotland, where they could not use the standard Canadian clear-cut techniques, but had to adapt to selective cutting. After D-Day, the Forestry Corps moved to France where, during the Ardennes offensive of December 1944, Canadian foresters found themselves exchanging fire with the Wehrmacht. The Forestry Corps is not active today, but military engineers often start an assigned task chainsaw in hand, harvesting the materials they need to do the job.

Foresterie

Durant la Première Guerre mondiale, les armées combattant en France et en Belgique avaient besoin d'énormes quantités de matériaux de construction, surtout le bois. Elles utilisaient le bois dans les revêtements des tranchées, les montants de toit des abris, les revêtements routiers et les traverses des voies ferrées. L'approvisionnement en bois est devenu une autre des tâches importantes des sapeurs, et le Génie royal canadien a formé des unités spécialisées à cette fin. Le corps de foresterie a recruté des hommes qualifiés, surtout des bûcherons et des mesureurs, pour débiter les forêts de France et d'Écosse, et opérer les moulins à scie utilisés pour obtenir le produit final.

Durant les premières années de la Seconde Guerre mondiale, le corps de foresterie a travaillé sur des propriétés privées d'Écosse où ils ne pouvaient utiliser les techniques canadiennes de coupe à blanc et ont dû s'adapter à la coupe sélective. Après le Jour J, le corps de foresterie a déménagé en France. Durant l'offensive des Ardennes de décembre 1944, les forestiers canadiens ont échangé des coups de feu avec la *Wehrmacht*. Le corps de foresterie n'est plus actif aujourd'hui, mais les ingénieurs militaires commencent souvent une nouvelle mission une scie mécanique à la main, pour ramasser les matériaux dont ils ont besoin.

Geomatics

A force can't move if it doesn't know where it is going. In Canada, professional military cartography began in 1903, with the formation of the Army Survey Establishment (ASE). By 1914, the ASE had produced 73 map sheets covering more than 23,000 square miles of Canada. This work continued during the First World War (when the ASE was also preparing large-scale plans of vital coastal areas), and for decades after. During the 1920s, the formation of the RCAF and the beginning of aerial photography operations expanded the project, and by the 1960s, the ASE had mapped the entire Canadian landmass, including the most northerly regions.

RCE surveyors and cartographers did their most remarkable work overseas, however. The Canadian Corps Survey Section, formed in early 1918 with five officers and 172 other ranks, turned out a wide range of daily products, including trench maps, "going" maps giving basic terrain analysis, and maps showing enemy artillery batteries (located by flash-spotting and sound-

Géomatique

Une force ne peut se déplacer si elle ne sait pas où elle va. Au Canada, la cartographie militaire professionnelle a débuté en 1903, avec la création du Service topographique de l'Armée (STA). En 1914, le STA avait produit 73 cartes couvrant plus de 23 000 milles carrés du territoire canadien. Ce travail s'est poursuivi durant la Première Guerre mondiale (le STA a aussi préparé des plans à grande échelle des zones côtières importantes), et pendant des décennies ensuite. Durant les années 20, la mise sur pied de l'Aviation royale du Canada et le commencement des opérations de photographie aérienne ont donné de l'ampleur au projet. À l'arrivée des années 60, le STA avait cartographié la totalité de la masse continentale canadienne, incluant les régions les plus nordiques.

Les arpenteurs et cartographes du Génie royal canadien ont toutefois accompli leurs plus grandes œuvres outre-mer. La Section de topographie du Corps canadien, formée au début de 1918 de cinq officiers et de 172 sous-officiers et militaires du rang, a fabriqué quotidiennement un large éventail

Ottawa, Ontario; November 1963: RCE cartographers at work on the multiplexer at the Army Survey Establishment. (CFJIC Z-10224-8)

Ottawa, Ontario, novembre 1963 : des cartographes du GRC au travail sur le multiplexeur du Service topographique de l'Armée. (CIIFC Z-10224-8)

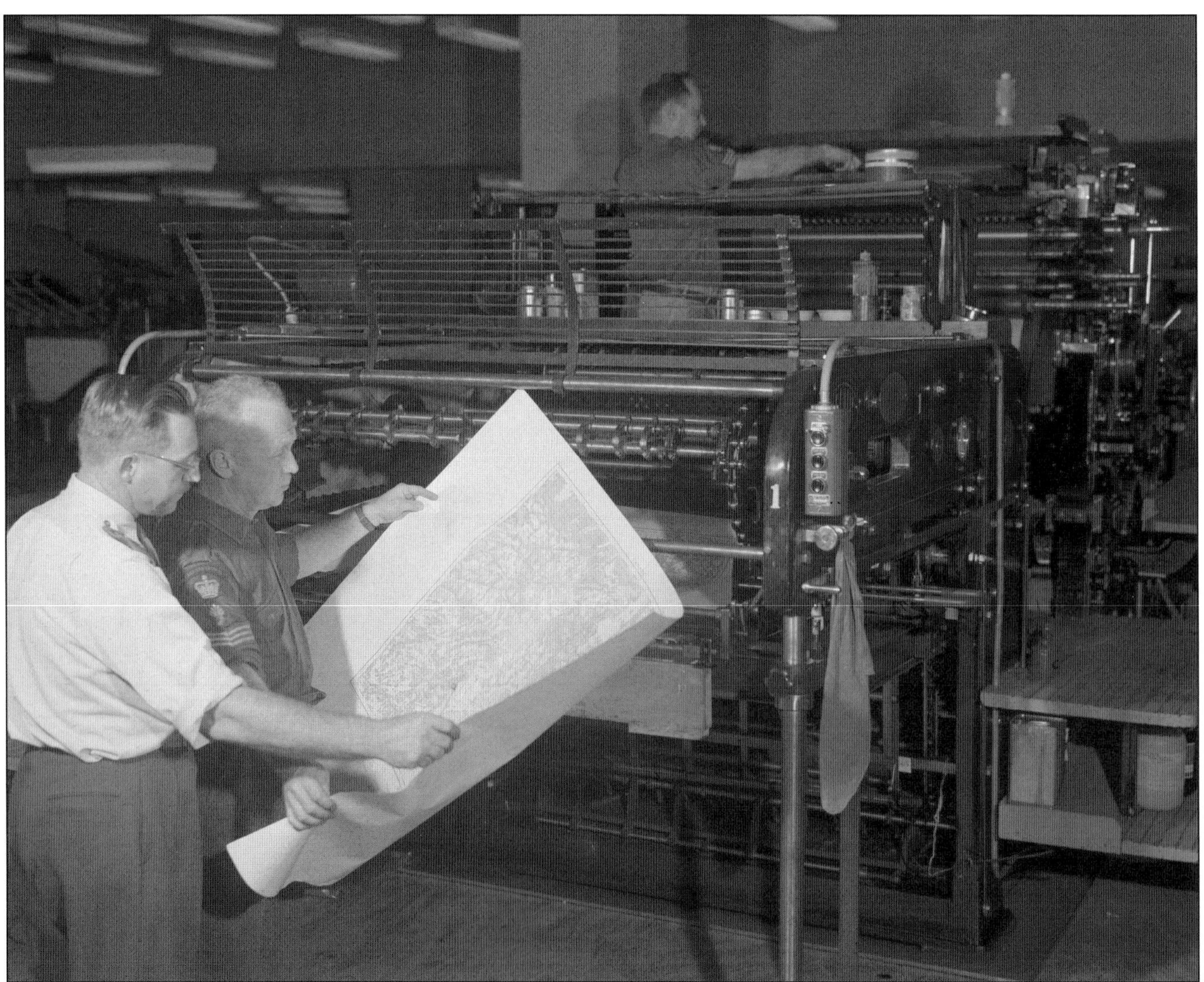

Ottawa, Ontario; November 1963: Captain Tom Frith and Staff Sergeant Norm Thompson check a finished map fresh from the press at the Army Survey Establishment. (CFJIC Z-10224-7)

Ottawa, Ontario, novembre 1963 : le capitaine Tom Frith et le sergent d'état-major Norm Thompson vérifient une carte qui sort des presses du Service topographique de l'Armée. (CIIFC Z-10224-7)

ranging) and supply dumps. During the Second World War, RCE surveyors and cartographers concentrated on topographic survey, map reproduction and mensuration of aerial photography, and perfected the technique of producing and updating maps from aerial stereo photographs. In 1944, in preparation for the invasion of Germany, 1 Canadian Field (Air) Survey Company used oblique aerial photography in stereo to calculate the height of the banks of the Rhine River to within two feet.

The operational demands of the Cold War and peace-support operations kept Canada's military engineers at the forefront of geomatics technology. Noted for professionalism, expertise and efficiency, they are called on for important international assignments; for example, Canadian military engineers performed the boundary surveys between Iraq and Kuwait after the Gulf War of 1991, and in the former Yugoslavia in preparation for the Dayton Accords.

de produits, incluant des cartes de tranchées, des cartes de praticabilité fournissant des détails de base du terrain, et des cartes montrant les batteries d'artillerie de l'ennemi (identifiées grâce au repérage par éclats et au repérage par le son) et ses dépôts de ravitaillement. Durant la Seconde Guerre mondiale, les arpenteurs et cartographes du Génie royal canadien se sont concentrés sur l'arpentage topographique, la reproduction de cartes et la mensuration des photographies aériennes. Ils ont perfectionné la technique permettant de produire et de mettre à jour les cartes tirées de stéréophotographies aériennes. En 1944, en préparation de l'invasion de l'Allemagne, la 1 Canadian Field (Air) Survey Company a utilisé la photographie aérienne oblique en stéréo pour calculer la hauteur des berges du Rhin à deux pieds près.

Les exigences opérationnelles de la guerre froide et les opérations de maintien de la paix ont permis aux ingénieurs militaires de se maintenir aux premières lignes de la technologie de la géomatique. Reconnus pour leur professionnalisme, leur savoir-faire et leur

efficacité, ils sont souvent appelés à participer à d'importantes missions internationales; par exemple, les ingénieurs militaires canadiens ont effectué l'arpentage des frontières entre l'Iraq et le Koweït après la guerre du Golfe de 1991, et dans l'ancienne Yougoslavie en vue des Accords de Dayton.

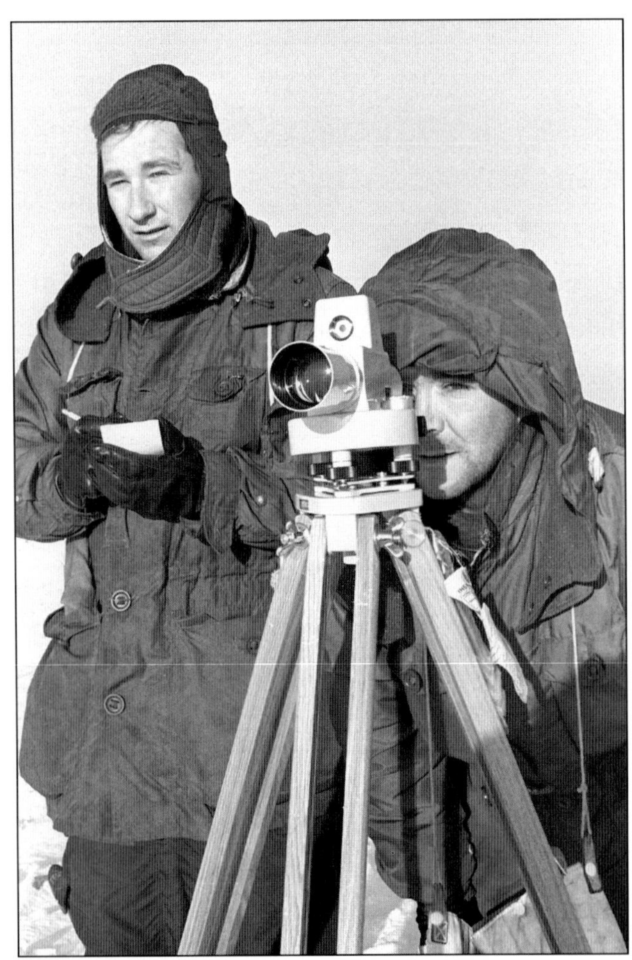

Antoine Lake, Northwest Territories; March 1971: Sapper Frank Grover and Corporal Wayne Atchison, members of 1 Airborne Field Squadron, survey the site of a new airstrip. (CFJIC IE71-39)

Antoine Lake, Territoires du Nord-Ouest, mars 1971 : le sapeur Frank Grover et le cpl Wayne Atchison, membres du 1er Escadron de campagne aéroporté, arpentent le site d'une nouvelle piste d'atterrissage. (CIIFC IE71-39)

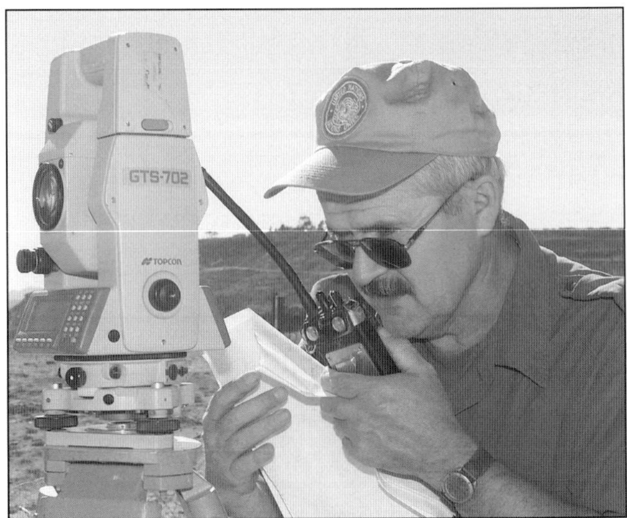

Senafe, Eritrea; December 2000: Warrant Officer Leo McDevitt of 1 CEU surveying the site of Camp Groesbeek. (CFJIC ISD01-004a)

Senafe, Érythrée, décembre 2000 : l'adjudant Leo McDevitt de la 1re Unité du Génie construction arpente le site du camp Groesbeek. (CIIFC ISD01-004a)

Camp Wainwright, Alberta; May 1985: Master Corporal Gary Saulnier, a cartographer from the Mapping and Charting Establishment in Ottawa, works on a screen-printing press aboard the "M-35CDN field print truck," a standard $2^1/2$-ton truck equipped for rapid-response cartographic support. (CFJIC RVC 85-10164)

Camp Wainwright, Alberta, mai 1985 : le caporal-chef Gary Saulnier, cartographe au Service de cartographie d'Ottawa, travaille sur une presse à sérigraphie à bord du « camion d'impression de campagne M-35CDN », un camion de 2,5 tonnes standard équipé pour un appui cartographique d'intervention rapide. (CIIFC RVC 85-10164)

Camp Wainwright, Alberta; September 1967: Corporal R. C. Allan (at the transit level) and Corporal J. W. Dunham of 3rd Field Squadron, RCE, set the grade for a new runway. (CFJIC WS67-1)

Camp Wainwright, Alberta, septembre 1967 : le caporal R.C. Allan (au tachéomètre) et le caporal J.W. Dunham du 3e Escadron de campagne du GRC mesurent la pente d'une nouvelle piste. (CIIFC WS67-1)

Cowly Beach, Queensland; May 2000: Sergeant Barry Pascoe and Master Corporal Dave Lamont with real-time kinematic (RTK) global positioning systems. (MCE)

Cowly Beach, Queensland, mai 2000 : le sergent Barry Pascoe et la caporal-chef Dave Lamont avec un GPS cinématique en temps réel. (S Carto)

Mine-Laying

Mine-laying is one of the most effective methods of denying terrain to the enemy, hence the proliferation of landmines around the world. Canadian troops first became involved in large-scale mine-laying in 1940, after the fall of France, when massive defences were built on the beaches of England. The anticipated German invasion never came and, for the rest of the war, Canadian formations were mainly on the offensive and, therefore, did little mine-laying. In the Normandy campaign of 1944, for example, engineers used mines only in temporary defences for individual infantry battalions.

The Canadian Army used mines extensively in Korea, where a stalemate reminiscent of the First World War developed in late 1951; the zone immediately north of the 38th parallel became one big minefield laid by United Nations troops, including Canadians. Later, as part of the North Atlantic Treaty Organization (NATO) force in Germany, Canadian engineers practised large-scale mine-laying to delay the advance of Soviet forces, which were expected to rely heavily on tracked and wheeled vehicles.

Pose de mines

La pose de mines demeure un des moyens les plus efficaces d'empêcher l'ennemi d'avancer, de là la prolifération des mines terrestres sur la planète. Les troupes canadiennes ont commencé à participer à la pose de mines à grande échelle en 1940, après la chute de la France. Des ouvrages massifs de défense ont alors été installés sur les plages d'Angleterre. L'invasion anticipée des Allemands ne s'est jamais réalisée et, pour le reste de la guerre, les formations canadiennes ont surtout participé à des opérations offensives et ont par conséquent fait peu de travail de pose de mines. Dans la campagne de Normandie en 1944, par exemple, les ingénieurs n'ont utilisé les mines que comme moyens de défense temporaires pour des bataillons d'infanterie particuliers.

L'Armée canadienne a utilisé les mines de manière extensive en Corée en 1951; la zone directement au nord du 38e parallèle s'est transformée en un important champ de mines, mines posées par les troupes de l'ONU, qui incluaient des Canadiens. Plus tard, à titre d'éléments de la force de l'OTAN en Allemagne, les ingénieurs canadiens ont effectué de la pose de mines à grande échelle pour

In December 1997, Canada signed an international treaty banning the production and use of anti-personnel mines; however, the Canadian arsenal still includes anti-tank mines.

retarder l'avancée des forces soviétiques, qui se déplaçaient selon les hypothèses à l'aide de véhicules à chenilles et à roues.

En décembre 1997, le Canada a signé un traité international interdisant la production et l'utilisation de mines antipersonnel. Cependant, l'arsenal canadien inclut encore des mines antichar.

Hohenfels. West Germany; September 1984: Sappers from 4 CER training with the M-57 mine-layer. (CFJIC ILC84-246)

Hohenfels, Allemagne de l'Ouest, septembre 1984 : des sapeurs du 4e Régiment du génie s'entraînent avec le poseur de mines M-57. (CIIFC ILC84-246)

Camp Wainwright, Alberta; May 1983: A mine-laying team from 2 CER lays an anti-tank minefield using an M-57 mine-layer. (CFJIC RV83-267)

Wainwright, Alberta, mai 1983 : une équipe de poseurs de mines du 2e Régiment du génie pose des mines antichar à l'aide d'un poseur de mines M-57. (CIIFC RV83-267)

Vaucelles, France; July 1944: Canadian military engineers sweep the road for landmines. (NAC PA-131385)

Vaucelles, France, juillet 1944 : des ingénieurs militaires canadiens balaient une route à la recherche de mines terrestres. (ANC PA-131385)

France; June 1944: Sapper C. W. Stevens of 18th Field Company, RCE, uses a mirror to find the igniters on the underside of a German teller mine. (NAC PA-136278)

France, juin 1944 : le sapeur C.W. Stevens de la 18e Compagnie de campagne du GRC utilise un miroir pour repérer les allumeurs d'une mine « teller » allemande. (ANC PA-136278)

Mine-Clearing

As an army advances, its engineers are responsible for clearing mines planted by the retreating enemy in fields and on roads, especially at concentration points such as bridge approaches. Canadian military engineers encountered enemy mines in large numbers for the first time during the Italian campaign of 1943–44. Current peacekeeping operations are complicated by the largest proliferation of landmines ever seen; in many

Roccopalumba, Sicily; July 1943: A mine dump containing thousands of German teller mines. In areas being cleared of mines, unexploded ordnance is destroyed by detonating dumps like this on a daily basis. (Imperial War Museum, NA5130)

Roccopalumba, Sicile, juin 1943 : dépôt de mines contenant des milliers de mines « teller » allemandes. Lorsque l'on procède au déminage de zones, on détruit les munitions explosives non explosées en faisant sauter des dépôts comme celui-ci chaque jour. (Imperial War Museum, NA5130)

Déminage

Quand une armée avance, ses ingénieurs doivent voir à enlever les mines que l'ennemi qui retraite laisse derrière lui dans les champs et sur les routes, et particulièrement à certains points névralgiques comme les abords des ponts. C'est durant la campagne italienne de 1943-1944 que les ingénieurs militaires canadiens ont eu à faire face pour la première fois à un large nombre de mines ennemies. Les opérations de maintien de la paix actuelles sont de plus en plus compliquées, en raison de la plus grande prolifération de mines terrestres jamais vue; dans nombre d'endroits où servent les soldats canadiens aujourd'hui, les mines constituent la menace la plus importante pour les gardiens de la paix et les résidents locaux. Les forces irrégulières posent fréquemment des mines pour répondre à un besoin local, mais elles ne marquent pas leur emplacement ni n'informent autrui de leurs allées et venues. Les ingénieurs militaires canadiens participent abondamment aux programmes de sensibilisation aux mines destinés aux organisations de secours non gouvernementales et aux habitants de zones déchirées par la guerre.

places where Canadian soldiers serve today, mines are the biggest threat to peacekeepers and local residents alike. Irregular forces frequently lay mines in response to some local need, but generally do not mark them or inform anyone of their whereabouts. Canadian military engineers are extensively involved in mine-awareness training for non-governmental relief organizations and residents of war-torn areas.

Mine-clearing is made easier today by robots, automated equipment and armoured vehicles fitted with flails and ploughs, but no area can be considered clear of mines until it has been gone over by hand—literally.

Le déminage est facilité de nos jours par l'utilisation de robots, d'appareils automatisés et de véhicules blindés munis de fléaux et de charrues, mais aucune zone ne peut être considérée comme étant sûre sans qu'elle ait littéralement été nettoyée à la main.

Nicosia, Cyprus; August 1974: (From front) Sapper Jim Sharp, Master Corporal Moose Gumbrill and Corporal Mike Allie of 1 Airborne Field Squadron breach a lane. (CFJIC CYP74-329)

Nicosie, Chypre, août 1974 : (à partir de l'avant) le sapeur Jim Sharp, le caporal-chef Moose Gumbrill et le caporal Mike Allie du 1er Escadron de campagne aéroporté ouvrent un passage dans un champ de mines. (CIIFC CYP74-329)

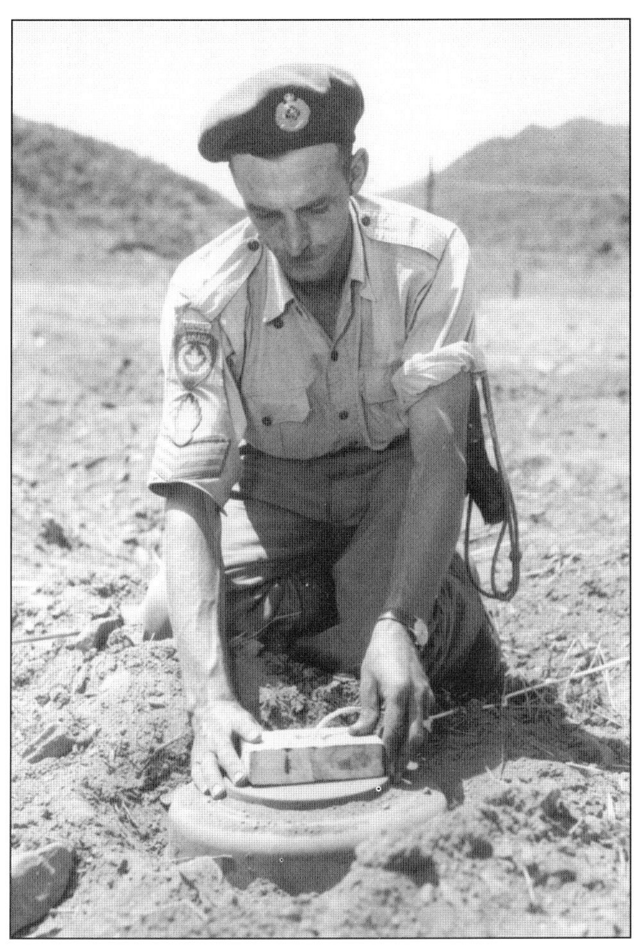

Korea; June 1952: Sergeant Lorne Gardiner of 23rd Field Squadron, RCE, prepares an anti-tank mine before blowing it in place. (NAC PA-132172)

Corée, juin 1952 : le sergent Lorne Gardiner du 23e Escadron de campagne, GRC, prépare une mine antichar avant de la faire sauter sur place. (ANC PA-132172)

Ilok, Croatia; April 1992: Sappers from 4 CER clearing mines. (CFJIC ISC92-5104-20)

Ilok, Croatie, avril 1992 : des sapeurs du 4e Régiment du génie enlèvent des mines. (CIIFC ISC92-5104-20)

Nevada; ca. 1952: Engineers from No. 1 RDU on exercise in the desert. (NAC PA 197522)

Nevada, 1952 : Des ingénieurs de l'unité de détection des radiations no 1 à l'entraînement dans le désert. (ANC PA 197522)

Radiation Detection

Whenever a new war technology emerges, military engineers get new tasks. In the late 1940s, when atomic weapons became part of the arsenal, new specialties arose to cope with the possibility of a nuclear battlefield. One of these specialties was radiation detection.

No. 1 Radiation Detection Unit (RDU), RCE, was formed in March 1950 and, after training and exercises, deployed operationally for the first time in 1952 to survey for fallout after two accidental releases of radioactive material at Chalk River, Ontario. After those incidents, the unit focused on monitoring nuclear detonations in the United States and Australia. No. 1 RDU was reduced to nil strength on March 15, 1960, when radiation detection was made a responsibility of other branches of the Army.

Détection des radiations

Chaque fois qu'une nouvelle technologie guerrière émerge, de nouvelles tâches s'ajoutent au travail des ingénieurs militaires. À la fin des années 40, lorsque les armes nucléaires ont fait leur apparition, de nouvelles spécialités ont vu le jour pour faire face à la possibilité d'un champ de bataille nucléaire. La détection des radiations est une de ces spécialités.

L'Unité de détection des radiations no 1 du Génie royal canadien a été formée en mars 1950. Après un entraînement et la tenue d'exercices, elle a été déployée opérationnellement pour la première fois en 1952, à la suite de deux fuites accidentelles de matériel radioactif à Chalk River, en Ontario. Après ces incidents, l'unité a surtout travaillé à la surveillance des explosions nucléaires aux États-Unis et en Australie. L'UDR a été démembrée le 15 mars 1960, quand la détection des radiations est devenue la responsabilité d'autres branches de l'Armée.

Chalk River, Ontario; 1952: The Atomic Energy of Canada Ltd. plant just after the second of two accidental releases of radioactive material.

Chalk River, Ontario, 1952 : la centrale d'Énergie atomique du Canada limitée peu après la seconde de deux fuites accidentelles de matière radioactive.

Road Construction

Since Roman times, road construction has been the military engineer's most basic task. During the First World War, Canadian military engineers participated in epic road-building projects such as the untold kilometres of plank road in the Ypres Salient that cost the lives of 1,500 Canadian sappers. During the Second World War, the problem was maintaining mobility, which meant rebuilding roads in the face of devastatingly accurate artillery fire designed to crater them into oblivion. In Korea, the climate was arid, the landscape was even more mountainous than that of Italy, and there was only one highway in the entire southern part of the country, so road construction was the Canadian engineers' highest priority.

In Canada, the opening of several vast military reserves and the expansion of air bases kept road-construction crews busy during the 1950s. During the 1990s, Canadian engineers rebuilt much of the road system of the former Republic of Yugoslavia. Today, military engineers maintain the roads on

Construction de routes

Depuis l'époque romaine, la construction de routes a constitué la principale tâche des ingénieurs militaires. Durant la Première Guerre mondiale, les ingénieurs militaires canadiens ont participé à d'héroïques projets de construction de routes, comme celui de la route de madriers d'Ypres Salient qui a coûté la vie à 1 500 sapeurs canadiens. Durant la Seconde Guerre mondiale, il fallait assurer la mobilité des troupes, ce qui signifiait reconstruire des routes détruites par les tirs d'artillerie précis et dévastateurs. En Corée, le climat était aride, le paysage encore plus montagneux qu'en Italie, et le partie sud du pays ne comportait qu'une seule route. La construction de routes y a constitué la principale priorité des ingénieurs canadiens.

Au Canada, l'ouverture de plusieurs grandes réserves militaires et l'expansion des bases aériennes ont maintenu les équipes de construction de routes occupées durant les années 50. Au cours des années 90, les ingénieurs canadiens ont travaillé à la reconstruction d'une

Canadian Forces bases and frequently take their construction skills overseas.

grande partie du réseau routier de l'ex-Yougoslavie. Aujourd'hui, les ingénieurs militaires travaillent à l'entretien des routes des bases des Forces canadiennes et exportent régulièrement leurs compétences outre-mer.

Near Arras, France; September 1918: Canadian sappers building a plank road through a captured village. (NAC PA-003123)

Près d'Arras, France, septembre 1918 : des sapeurs canadiens construisent un chemin de madriers dans un village pris à l'ennemi. (ANC PA-003123)

Haps, the Netherlands; February 1945: Engineers with First Canadian Army building a corduroy road. (PAC PA-140649)

Haps, Pays-Bas, février 1945 : des ingénieurs accompagnant la 1re Armée canadienne construisent un chemin de rondins. (APC PA-140649)

Korea; July 1952: Lance Corporal Gerry Godard (left) and Sapper Basil Armstrong of 23rd Field Squadron, RCE, place an explosive charge while building a road. (NAC PA-114901)

Corée, juillet 1952 : le caporal suppléant Gerry Godard (à gauche) et le sapeur Basil Armstrong du 23e Escadron de campagne, GRC, placent une charge explosive durant la construction d'une route. (ANC PA-114901)

France; September 1917: Canadian Railway Troops laying track in a shelled area. (NAC PA-001796)

France, septembre 1917 : des troupes du rail canadiennes (Canadian Railway Troops) posent des voies ferrées dans un secteur déboisé. (ANC PA-001796)

Tramways and Railways

The static, highly mechanized nature of combat during the First World War compelled both sides to develop high-capacity transport to move the prodigious amounts of equipment, ammunition and supplies used in the front lines. This logistical problem was solved in part by building and operating tramways that resembled the transit systems found in large North American cities. On the Allied side, these systems were run by the Canadian Railway Troops, which provided the construction skills and the specialists required to maintain and operate the tractors and rolling stock.

During the Second World War, No. 1 Railway Operating Group and two railway operating companies were formed to run full-sized railways; in liberated France, their first task was to transport bridging to open up road communications. At the same time, No. 1 Railway Telegraph Company was formed to rebuild 2,500 miles of Europe's telegraph route. Although the Canadian Forces does not have specialist railway troops any more,

Tramways et chemins de fer

La nature statique, hautement mécanisé des combats durant la Première Guerre mondiale a amené les deux parties à développer un moyen de transport de grande capacité pour déplacer les imposantes quantités de matériel, de munitions et de fournitures utilisées au front. Ce problème logistique a été résolu en partie par la construction et l'exploitation d'un réseau de tramways pouvant ressembler à celui des grandes villes d'Amérique du Nord. Du côté des alliés, ces réseaux étaient opérés par les Canadian Railway Troops, qui fournissaient les compétences en construction et les spécialistes nécessaires au maintien et à l'exploitation des tracteurs et du matériel roulant.

Durant la Seconde Guerre mondiale, le Railway Operating Group no 1, ainsi que deux autres compagnies d'opération ferroviaire ont été formées pour exploiter les chemins de fer; dans la France libérée, leur première tâche a été de transporter des pontages pour ouvrir de nouvelles voies de communication routière. À la même époque, on a créé la Railway Telegraph Company no 1 pour

Canadian military engineers serving in Bosnia-Herzegovina with the NATO Implementation Force in 1993–94 participated in mine-clearing operations on the national railway system.

France; August 1917: Engineers from the Canadian Tramways Corps laying track for field guns. (NAC PA-003720)

France, août 1917 : Des ingénieurs du Canadian Tramways Corps posent des voies ferrées pour acheminer des canons. (ANC PA-003720)

reconstruire les 2 500 milles de l'artère télégraphique de l'Europe. Même si les Forces canadiennes ne comptent plus de troupes spécialistes des chemins de fer, les ingénieurs militaires canadiens qui ont servi en Bosnie-Herzégovine en 1993-1994 avec la Force de mise en œuvre de l'OTAN ont participé à des opérations de déminage sur le réseau ferroviaire national.

France; September 1917: A Canadian military engineer and the device he invented for producing two-strand twisted telephone cable. (NAC PA-003818)

France, septembre 1917 : un ingénieur militaire canadien posant avec l'appareil qu'il a inventé pour produire des câbles téléphoniques torsadés à deux brins. (ANC PA-003818)

Tunnelling

Within weeks of the outbreak of hostilities in 1914, soldiers began digging trenches, dugouts and bunkers to protect themselves from the constant hail of bullets and shrapnel. In 1915, underground operations began. The Canadian Corps formed three companies of tunnellers, most of them ex-miners and clay-kickers (diggers of tunnels for gas and water mains). Tunnels extended across no man's land to galleries under enemy lines where soldiers could listen to their opponents' activities; sometimes, the galleries would be packed with explosives to destroy enemy defences. In 1918, when the war became more mobile, tunnellers took to locating and disarming booby traps.

France; February 1918: Canadian engineers digging a sap. (NAC PA-002440)

France, février 1918 : des ingénieurs canadiens creusent une tranchée. (ANC PA-002440)

Creusement de tunnels

Dans les semaines suivant l'éclatement des hostilités en 1914, des soldats ont commencé à creuser des tranchées, des abris et des bunkers afin de se protéger contre la pluie permanente de balles et d'obus. En 1915, les opérations souterraines ont débuté. Le Corps canadien a mis sur pied trois compagnies de creuseurs de tunnels, pour la plupart d'anciens mineurs et botteurs d'argile (creuseurs de tunnels pour les conduites de gaz et d'eau). Les tunnels courraient sous des zones interdites jusqu'à des galeries sous les lignes ennemies où les soldats pouvaient espionner les activités de leurs opposants; parfois, on chargeait les galeries d'explosifs afin de détruire les défenses de l'ennemi. En 1918, lorsque la guerre est devenue plus mobile, les creuseurs de tunnels ont été utilisés pour localiser et désarmer des pièges.

Durant la Seconde Guerre mondiale, les creuseurs de tunnels canadiens ont travaillé à l'excavation du

During the Second World War, Canadian tunnellers worked on the excavation of the Rock of Gibraltar to create huge caverns that were used for headquarters; they also drilled for water in sun-parched places like Sicily.

The Canadian Forces have no tunnelling units now, but every field engineer who dismantles a booby trap is an heir to the clay-kickers of the Great War.

Roc de Gibraltar. Ils y ont creusé d'immenses cavernes utilisées par les quartiers généraux; ils ont aussi creusé pour trouver de l'eau dans des zones desséchées par le soleil comme la Sicile. Les Forces canadiennes ne comptent plus aujourd'hui d'unités de creuseurs de tunnels, mais chaque sapeur qui démonte un piège est un héritier des mineurs de la Grande Guerre.

France; October 1917: A Canadian miner resting after a night of heavy work. (NAC PA-002055)

France, octobre 1917 : un mineur canadien prend du repos après une dure nuit de travail. (ANC PA-002055)

Near Arras, France; September 1918: Engineers "sterilizing" water pumped from a stream. (NAC PA-003111)

Près d'Arras, France, septembre 1918 : des ingénieurs « stérilisent » l'eau tirée d'un ruisseau. (ANC PA-003111)

Water Supply

One of the military engineers' most crucial tasks is maintaining a reliable supply of drinking water; if the troops cannot live, they certainly cannot fight. The static quality of operations during the First World War took military water-supply projects to almost municipal size; at Vimy Ridge, for example, Canadian engineers built a water system with more than 65 kilometres of four-inch pipe, five pumping stations and 560,000 gallons of storage capacity. Second World War operations were less static, but the problem of finding and maintaining water supplies was just as acute, whether they were campaigning in the arid, mountainous terrain

Approvisionnement en eau

Une des plus importantes tâches des ingénieurs militaires est de maintenir un approvisionnement sûr en eau potable; si les troupes ne peuvent survivre, elles ne pourront certes pas combattre. Avec la qualité statique des opérations durant la Première Guerre mondiale, les projets militaires d'approvisionnement en eau ont vite pris la taille de projets municipaux; à la crête de Vimy, par exemple, les ingénieurs canadiens ont construit un réseau d'aqueduc comportant plus de 65 km de conduits de quatre pouces, des stations de pompage et une capacité de stockage de 560 000 gallons d'eau. Les opérations de la Seconde Guerre mondiale ont été moins statiques, mais la difficulté de s'approvisionner en eau y a été tout aussi grande, que ce soit en faisant campagne sur le

The Netherlands; February 1945: A typical Allied water point, where water is being pumped into 1,500-gallon "S" (for sterilization) tanks. The water purification set, which handles 3,000 gallons per hour, can be seen in the background.
(Imperial War Museum B14286)

Pays-Bas, février 1945 : point d'eau allié typique; l'eau y est pompée dans des réservoirs de type « S » (pour stérilisation) de 1 500 gallons; on aperçoit en arrière-plan un appareil de purification de l'eau, qui peut traiter 3 000 gallons à l'heure.
(Imperial War Museum B14286)

of Italy or the flooded wreckage of northwest Europe.

Today, military engineers are still responsible for supplying water to troops on exercise and peace-support missions overseas, and to communities hit by natural disasters. New technology, such as Canada's "reverse osmosis water purification unit," or ROWPU, makes the job more effective and considerably safer.

terrain aride et montagneux d'Italie ou dans les décombres inondés de l'Europe du Nord-Ouest.

De nos jours, les ingénieurs militaires sont toujours responsables d'approvisionner en eau les troupes affectées à des exercices ou à des missions de maintien de la paix outre-mer et les communautés touchées par des catastrophes naturelles. La nouvelle technologie, comme le système de purification d'eau par osmose inverse (SPEOI) rend leur travail beaucoup plus efficace et considérablement plus sûr.

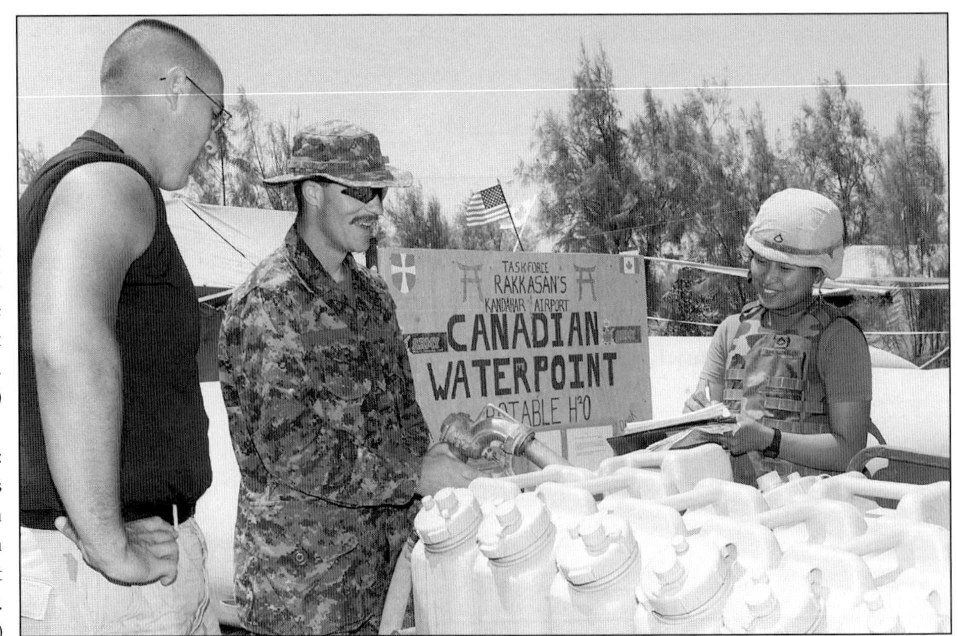

Kandahar, Afghanistan; May 2002: Canadian military engineers supply all the potable water used by Task Force Rakkasan, the coalition force based at Kandahar International Airport. (CFJIC IS2002-0058)

Kandahar, Afghanistan, mai 2002 : des ingénieurs militaires canadiens approvisionnent en eau potable la Force opérationnelle Rakkasan, la force de coalition basée à l'aéroport international de Kandahar. (CIIFC IS2002-0058)

National Development

Without the contributions of its military engineers, Canada would not be the great country it is today. From their beginnings, engineers have applied the skills developed for war to enhance the lives of Canadians. They opened the nation's heartland by constructing roads and airfields, and explored and mapped the far reaches of the Arctic barrens, helping isolated outposts to develop into thriving communities.

During the Great Depression of the 1930s, perhaps Canada's most serious national crisis, military engineers were called on to conduct public works projects across the country to provide employment for thousands of men and, incidentally, to create the infrastructure that would prove crucial in the war that followed. During the mid-century construction boom, military engineers built airfields, dockyards and bases all over Canada, strengthening local economies and creating infrastructure that was often handed over to local municipalities. In many towns and cities, military properties became the focus of the community.

Développement de la nation

Sans la contribution de ses ingénieurs militaires, le Canada ne serait pas le grand pays qu'il est aujourd'hui. Depuis leurs débuts, les ingénieurs ont appliqué les compétences mises au point dans le domaine de la guerre afin d'améliorer la vie des Canadiens. Ils ont ouvert le cœur de la nation en construisant des routes et des terrains d'aviation et ont exploré et cartographié les lointaines contrées de la toundra arctique, permettant ainsi aux avant-postes isolés de se former en communautés.

Durant la Grande Crise des années 30, qui fut sans doute la crise nationale la plus sérieuse du Canada, on a fait appel aux ingénieurs militaires pour la réalisation de projets de travaux publics à travers le pays. Ces travaux ont fourni de l'emploi à des milliers d'hommes et de femmes et posé l'infrastructure qui allait se révéler d'une importance cruciale dans la guerre qui a suivi. Durant le boom de la construction des années 50, les ingénieurs militaires ont construit des terrains d'aviation, des chantiers maritimes et des bases à travers tout le pays, renforçant par le fait même les

The armed forces are customarily used as a proving ground for new technologies, and military engineers frequently bear the brunt of this responsibility. From testing the first flying machines to developing landmark project-management procedures, Canada's military engineers have a long record of mastering and improving new skills, and then passing the expertise on to industry to the advantage of all Canadians.

Natural disasters always bring calls for military engineers to build the dykes, map the damage, rebuild the power grid, fight the fire, or take on any other task that comes up.

The Canadian Military Engineers (CME) have nurtured and protected the country for a century, and in honour of their centennial in 2003, and as a continuation of their legacy of service, they volunteered their expertise and skilled labour to help communities build "Bridges for Canada" along the Trans Canada Trail.

économies locales et créant l'infrastructure dont ont par la suite souvent pu profiter les municipalités locales. Dans de nombreuses villes, les propriétés militaires sont devenues le point de mire de la communauté.

Les forces armées servent souvent de terrain d'essai des nouvelles technologies et les ingénieurs militaires portent fréquemment le poids de cette responsabilité. De l'essai des premières machines volantes au développement de procédures de gestion de projets, les ingénieurs militaires canadiens s'exercent depuis longtemps à maîtriser et à acquérir de nouvelles compétences, avant de passer leur savoir-faire à l'industrie, au profit de tous les Canadiens.

Les catastrophes naturelles créent souvent du travail pour les ingénieurs militaires; ils doivent construire des digues, cartographier les dommages, rebâtir le réseau électrique, combattre des incendies et bien d'autres choses encore.

Le Génie militaire canadien a nourri et protégé le pays depuis un siècle. En l'honneur de son

Canada has few places that have not been influenced by military engineers, and few citizens who have not benefited from their contribution.

centenaire en 2003, des ingénieurs militaires se sont portés volontaires pour offrir leur savoir-faire et leur main-d'œuvre pour aider les communautés à bâtir des « Ponts pour le Canada » le long du Sentier transcanadien.

Il existe peu d'endroits au Canada qui n'aient pas subi l'influence des ingénieurs militaires et peu de citoyens qui n'aient pas bénéficié de leur contribution.

Newfoundland: Engineers Turned Archaeologists

In 1967, 56th Field Engineering Squadron (FES) of St. John's undertook a Centennial project: the restoration of Quidi Vidi Battery. Started by the French in 1762 and completed by the British, Quidi Vidi Battery had been abandoned since 1870, when the British withdrew from Newfoundland. It lay ruined and overgrown with brush.

First, the site had to be examined to establish the nature and extent of buildings and defensive works. During excavation, the sappers used archaeological procedures to recover artefacts from the site. For the reconstruction, "period" bricks were salvaged from a demolition site in St. John's, and the sandstone blocks from which the parapets had been built were recovered from the beach more than 35 metres below the site. Reproduction 1812 hardware was custom-made. The battery was completed with the installation of four cannon of the correct period and type, which are still used to fire salutes on ceremonial occasions.

Terre-Neuve : des ingénieurs se transforment en archéologues

En 1967, dans le cadre du centenaire de la Confédération canadienne, le 56e Escadron du génie de St. John's a entrepris un projet commémoratif : la restauration de la Batterie Quidi Vidi. Commencée par les Français en 1762 et achevée par les Britanniques, la Batterie Quidi Vidi a été abandonnée en 1870, lorsque les Britanniques se sont retirés de Terre-Neuve. En 1967, le fort tombait en ruine et était couvert de broussailles.

La première tâche de l'escadron a été de déterminer la nature et la complexité des installations et bâtiments de défense situés sur le site. Durant les travaux d'excavation, les sapeurs ont utilisé des procédures archéologiques pour récupérer les artefacts du site. Pour la reconstruction du fort, on a dû récupérer des briques d'origine d'un bâtiment en démolition à St. John's, ainsi que les blocs de grès des parapets qui s'étaient écroulés sur la plage plus de 35 mètres sous le site. Tous les matériaux devaient être

fabriqués conformément aux normes de 1812. Une fois la construction terminée, quatre canons de l'époque ont été installés et ils sont toujours utilisés pour les saluts cérémoniels.

St. John's, Newfoundland; 1967: Quidi Vidi Battery after restoration work by 56th FES. (56th FES)

St. John's, Terre-Neuve, 1967 : la Batterie Quidi Vidi après les travaux de restauration effectués par le 56e Escadron du génie. (56 EG)

St. John's, Newfoundland; 2000: Members of 56th FES refurbishing their earlier work on Quidi Vidi Battery. (56th FES)

St. John's, Terre-Neuve, 2000 : des membres du 56e Escadron du génie reprennent le travail fait précédemment sur la Batterie Quidi Vidi. (56 EG)

Nova Scotia: The Fortifications and HMC Dockyard at Halifax

Halifax was founded in 1749 to defend the largest natural harbour on the Atlantic coast of North America, so high points of land and sites overlooking the harbour were reserved for military use. Military engineers laid out the town and built its permanent defences on Citadel Hill, Chebucto Head, McNab's Island and many other spots in and around the harbour. The Citadel, completed in 1856, was the first home of the School of Military Engineering.

Nouvelle-Écosse : les fortifications et l'arsenal canadien de Sa Majesté à Halifax

Halifax a été fondé en 1749 pour défendre le plus long havre naturel de la côte atlantique de l'Amérique du Nord. Certains sites surélevés dominant le havre ont été réservés à un usage militaire. Des ingénieurs militaires ont tracé le plan de la ville et érigé ses ouvrages de défense permanents à la Citadelle, à Chebucto Head, à l'Île McNabs et à bien d'autres endroits dans et autour du havre. La Citadelle, achevée en 1856, a été le premier domicile de l'École du Génie militaire.

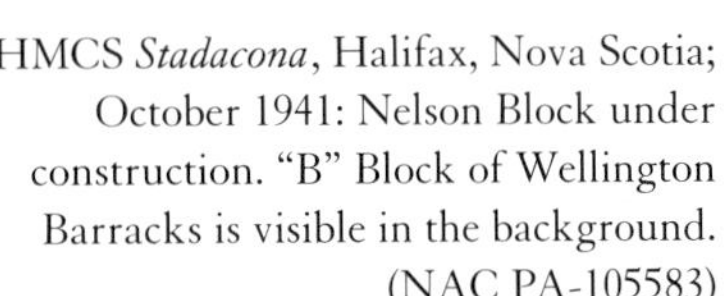

HMCS *Stadacona*, Halifax, Nova Scotia; October 1941: Nelson Block under construction. "B" Block of Wellington Barracks is visible in the background. (NAC PA-105583)

NCSM *Stadacona*, Halifax, Nouvelle-Écosse, octobre 1941 : Bloc Nelson en construction. On aperçoit à l'arrière-plan le Bloc « B » des casernes Wellington. (ANC PA-105583)

The naval dockyard at Halifax was developed into a major base during the Napoleonic Wars and used by the Royal Navy until 1905. Its greatest period of expansion was the Second World War, when Halifax was an important western terminus for the Allied convoys that supplied Britain and the forces deployed in Europe. After 1945, the dockyard became a modern facility for the support and maintenance of major warships, and one of area's largest employers.

Le chantier maritime d'Halifax a été transformé en une base majeure durant les guerres napoléoniennes et utilisé par la Marine royale jusqu'en 1905. La ville a connu sa plus grande période d'expansion durant la Seconde Guerre mondiale, alors qu'Halifax a été un important terminus dans l'Ouest pour les convois des Alliés qui approvisionnaient les Britanniques et les forces déployées en Europe. Après 1945, le chantier maritime est devenu un complexe moderne servant au soutien et à l'entretien des principaux navires de guerre, et un des principaux employeurs de la région.

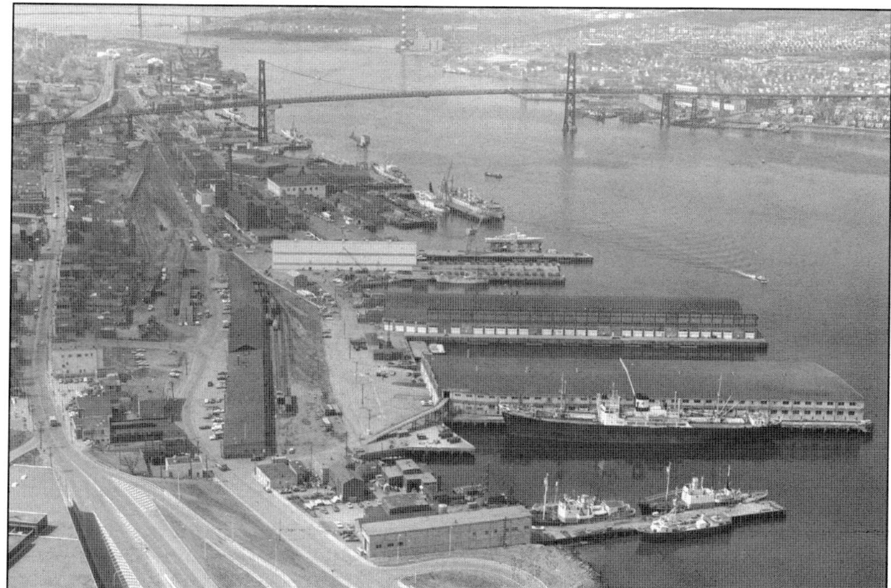

CFB Halifax, Nova Scotia; May 1972: An aerial view of HMC Dockyard Halifax from the south, showing the Synchrolift and the Narrows Bridge. (CFJIC SW73-823)

BFC Halifax, Nouvelle-Écosse, mai 1972 : vue aérienne de l'arsenal CSM de Halifax depuis le sud, montrant le portique synchronisé et le pont Narrows. (CIIFC SW73-823)

Prince Edward Island: Charlottetown Airport

On December 17, 1939, the governments of Australia, Britain, Canada and New Zealand launched the BCATP, history's biggest flying school, which produced thousands of pilots, navigators, bomb-aimers, gunners, radio operators and flight engineers for the Allied air forces. Beginning with 60 new sites and improvements to 20 others, the construction plan soon expanded to 230 sites (including 100 new airfields), comprising 8,300 buildings, 100 sewage treatment plants, 200 miles of electrical distribution, 80,000 horsepower of steam generation, and 300 miles of water lines.

RCAF construction engineering (CE) staff prepared standard designs for timber-framed hangars, barrack blocks and other facilities that were built by civilian contractors supervised by CE personnel, who maintained the stations after completion.

In Prince Edward Island, BCATP stations were established at Charlottetown, Summerside and

Île-du-Prince-Édouard : l'aéroport de Charlottetown

Le 17 décembre 1939, les gouvernements de l'Australie, de la Grande-Bretagne, du Canada et de la Nouvelle-Zélande créaient le Programme d'entraînement aérien du Commonwealth (PEAC), la plus grosse école de pilotage de l'histoire. On y a produit des milliers de pilotes, de navigateurs, de viseur de lance-bombes, de canonniers, d'opérateurs radio et d'ingénieurs de vol pour les forces aériennes alliées. Au départ, le programme visait la construction de 60 nouveaux sites et l'agrandissement de 20 autres emplacements. Ces chiffres ont éventuellement grimpé à 230 sites (incluant 100 nouveaux terrains d'aviation) qui comprenaient 8 300 bâtiments, 100 stations de traitement des eaux usées, 200 milles de câbles électriques, une génération de vapeur de 80 000 chevaux-vapeur et 300 milles de conduites d'eau.

Le personnel du génie construction (GC) de l'Aviation royale du Canada a préparé des plans standard pour des hangars à ossature de bois, des bâtiments de caserne et autres installations. La

Mount Pleasant. After the war, Summerside became an RCAF station, and Charlottetown became a civilian airport.

Upton, Prince Edward Island; February 1932: Due to the efforts of RCAF military engineers, this primitive airstrip became the thriving commercial airport that serves Charlottetown today. (NAC PA-126628)

Upton, Île-du-Prince-Édouard, février 1932 : grâce aux efforts des ingénieurs militaires de l'ARC, cette piste primitive est devenue le florissant aéroport commercial qui dessert aujourd'hui Charlottetown. (ANC PA-126628)

construction de ces installations a été confiée à des entrepreneurs civils supervisés par des membres du personnel du GC, qui se sont chargés par la suite de l'entretien des bâtiments.

À l'Île-du-Prince-Édouard, des stations du PEAC ont été établies à Charlottetown, à Summerside et à Mount Pleasant. Après la guerre, la station de Summerside est devenue une station de l'Aviation royale du Canada, alors que celle de Charlottetown est devenue un aéroport civil.

New Brunswick: New Neighbours in Gagetown

In 1950, Canada's defence plans changed dramatically; with the Korean War and the NATO build-up in Europe, the nation would maintain large permanent forces for the first time.

The Spartan camp facilities of the Second World War were not suitable for garrisons, which require permanent buildings and family housing, so a major construction program was launched. Neighbouring civilian communities grew and thrived in conjunction with the bases, which provided high-quality municipal services and many civilian jobs.

Camp Gagetown was designed to support a 5,000-man brigade group with an all-weather training area sufficient for a 10,000-man division. The biggest army camp in the Commonwealth (about 1,000 square kilometres), it was close to deep-water ports (for efficient deployment overseas) and provided climatic and terrain conditions like those of northern Europe. Between 1952, when work started, and 1958, when the base opened, military

Nouveau-Brunswick : de nouveaux voisins à Gagetown

En 1950, les plans de défense du Canada ont changé dramatiquement; avec la guerre de Corée et l'installation de l'OTAN en Europe, le pays doit maintenir pour la première fois d'importantes forces permanentes.

Les installations de camp sommaires de la Seconde Guerre mondiale ne conviennent pas aux garnisons, qui ont besoin de bâtiments permanents et de logements familiaux. Un imposant programme de construction a donc été lancé. Les communautés civiles voisines ont grandi et se sont développées avec la collaboration des bases, qui leur ont fourni des services municipaux de grande qualité et de nombreux emplois civils.

Gagetown a été conçue pour supporter un groupe-brigade de 5,000 hommes avec un secteur d'entraînement tout-temps suffisamment grand pour une division de 10,000 hommes. Le plus grand camp militaire du Commonwealth (approximativement 1,000 kilomètre carrés), il était situé près de ports en eau profonde

engineers designed and constructed a serviced domestic area with 100 permanent buildings and 2,000 family houses that were integrated into the neighbouring town of Oromocto. They also developed the vast training area.

Camp Gagetown, New Brunswick; ca. 1957: A spring scene, with preliminary road construction and major building construction under way. (CME Museum)

Camp de Gagetown, Nouveau-Brunswick, vers 1957 : une scène printanière, montrant le développement des travaux de routes et d'immeubles majeurs. (Musée du GMC).

(permettant des déploiements outre-mer) et offrait des conditions climatiques et topographiques similaires à celles du Nord de l'Europe. Entre le début des travaux en 1952 et l'ouverture de la base en 1958, les ingénieurs militaires ont conçu et construit un secteur domestique aménagé avec 100 bâtiments permanents et 2,000 logements familiaux intégrés dans la ville voisine d'Oromocto. Ils ont aussi développé la vaste zone d'entraînement.

Quebec: Expo '67

During the base construction program of the 1950s, Canada's military engineers became the land developers of the armed services. Late in the decade, military engineers were tasked with building the "Diefenbunker," a headquarters facility resistant to nuclear blast and fallout. This complex, innovative project was managed by the critical-path method, which uses a graphic presentation of the project schedule that identifies critical tasks and states when they must be completed.

The centrepiece of Canada's centennial celebration was Expo '67 in Montréal. In 1965, when construction of pavilions and facilities fell behind schedule, the organizers turned to the Army for assistance and, consequently, a team of military engineers under Colonel Ed Churchill and Lieutenant-Colonel Les Brown took charge of construction scheduling, using the critical-path method. After two years of hectic activity and hard-nosed direction, construction was completed, and Expo '67 opened on time to world-wide acclaim.

Québec : Expo 67

Durant le programme de construction des bases des années 50, les ingénieurs militaires canadiens sont devenus les promoteurs immobiliers des forces armées. Vers la fin de la décennie, des ingénieurs militaires ont été chargés de construire le « Diefenbunker », un quartier général résistant aux explosions et aux retombées nucléaires. Ce projet complexe et novateur a été géré selon la méthode du chemin critique, qui utilise une représentation graphique du calendrier du projet, indiquant les tâches critiques et les dates auxquelles elles doivent être achevées.

La pièce maîtresse des célébrations du centenaire du Canada a été la tenue d'Expo 67 à Montréal. En 1965, lorsque la construction des pavillons et installations a commencé à connaître des retards, les organisateurs se sont tournés vers l'Armée pour obtenir son aide. Une équipe d'ingénieurs militaires, dirigée par le colonel Ed Churchill et le lieutenant-colonel Les Brown, a alors pris en charge la planification du calendrier de construction, en se servant de la méthode du chemin critique. Après deux années d'activité intense et de gestion stricte, les travaux de construction ont pu être achevés et Expo 67 a ouvert ses portes à temps, sous les applaudissements du monde entier.

Montréal, Quebec; summer 1967: Canada Pavillion at Expo '67. (NAC C-030085)

Montréal, Québec, été 1967 : Pavillon du Canada, Expo 67. (ANC C-030085)

Camp Petawawa, Ontario; 1909: Sappers moving the *Baddeck No. 1* into position for a demonstration flight. (NAC PA-119433)

Camp Petawawa, Ontario, 1909 : des sapeurs déplacent le *Baddeck No.1* en position pour un vol de démonstration. (ANC PA-119433)

Ontario: Canada's First Military Flight

Two of Canada's aviation pioneers were military engineers: J. A. D. McCurdy (pilot of the *Silver Dart* from its first flight at Baddeck, Nova Scotia) and his colleague F. W. Baldwin were both former sappers of 2nd Field Company. In August 1909, McCurdy and Baldwin made Canada's first military flights with the aeroplanes *Silver Dart* and *Baddeck No. 1* at Camp Petawawa, supported by a sapper ground crew and working from temporary hangars and an airstrip built by sappers.

The McCurdy-Baldwin experiments were observed by the members of the Militia Council and senior Army officers, including Major G. S. Maunsell, soon to be Director of Engineer Services. Beginning with Major Maunsell in 1910, military engineers made several proposals for aviation units in the Canadian Army, but nothing was done until the First World War, when a partnership was made with the Royal Flying Corps to construct and maintain Canada's first permanent purpose-built aviation facilities at Camp Borden, Ontario.

Ontario : le premier vol militaire au Canada

Deux des pionniers de l'aviation canadienne étaient des ingénieurs militaires : J.A.D. McCurdy (pilote du *Silver Dart* dès son premier vol à Baddeck, en Nouvelle-Écosse) et son collègue F.W. Baldwin étaient tous deux d'anciens sapeurs de la 2e Compagnie de campagne. En août 1909, McCurdy et Baldwin ont effectué les premiers vols militaires canadiens avec les aéroplanes *Silver Dart* et *Baddeck No. 1* au camp de Petawawa, avec l'appui d'une équipe de sapeurs au sol travaillant à partir de hangars temporaires et d'une piste d'atterrissage construits par des sapeurs.

Des membres du Conseil de la Milice et des officiers supérieurs de l'Armée, incluant le major G.S. Maunsell, qui allait bientôt devenir le directeur des Services du génie, ont assisté aux premiers exploits de McCurdy et de Baldwin. Dès 1910 avec le major Maunsell, les ingénieurs militaires ont commencé à faire des propositions à l'Armée canadienne concernant les unités d'aviation, mais rien ne s'est fait avant la Première Guerre mondiale, alors qu'un partenariat a été conclu avec le *Royal Flying Corps* afin de construire et d'entretenir les premières installations aéronautiques permanentes au camp de Borden, en Ontario.

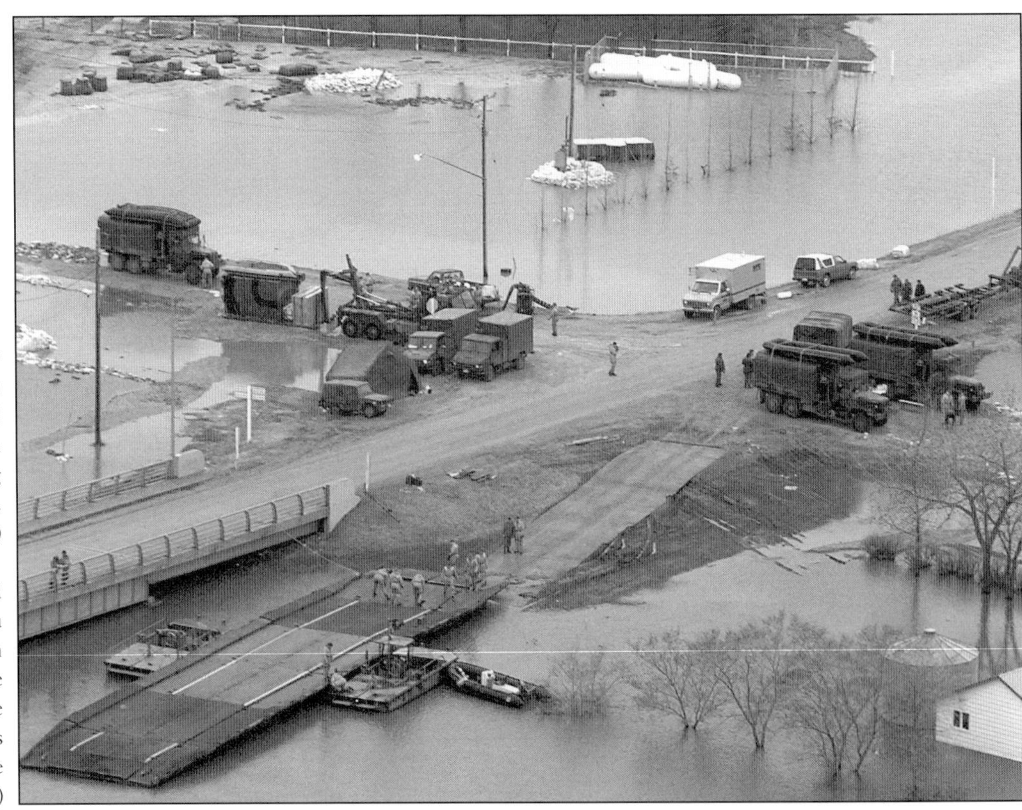

Ste-Agathe, Manitoba; May 1997: Heavy construction equipment being ferried across the Red River on a medium-sized raft during road reconstruction. (CFJIC ISD97-101a)

Ste-Agathe, Manitoba, mai 1997 : à l'aide d'un radeau moyen, on transborde de la machinerie lourde de construction de l'autre côté de la rivière Rouge durant les travaux de reconstruction de la route. (CIIFC ISD97-101a)

Ste-Agathe, Manitoba; May 1997: Engineers from 8 Wing Trenton, Ontario, dismantle a sandbag dyke. (CFJIC ISD97-106h)

Ste-Agathe, Manitoba, mai 1997 : des ingénieurs de la 8e Escadre Trenton, Ontario, démontent une digue de sacs de sable. (CIIFC ISD97-106h)

Manitoba: Battling the Red River

The Red River flows north from the Dakotas to Lake Winnipeg through flat terrain, and it tends to flood in spring. In 1997, a rainy spring followed a snowy winter, a recipe for disaster in Winnipeg.

On April 22, the danger to the city was so great that 1 Combat Engineer Regiment (CER) from Edmonton and 2 CER from Petawawa were despatched to Winnipeg, where they embarked on 22 days of non-stop work. Their tasks included providing transport in flooded areas, using assault boats and rafts; producing potable water with a ROWPU; and deploying a temporary bridge to replace a damaged highway bridge.

To defend Winnipeg from the flood, the sappers also co-ordinated and helped build the "Z Dyke," a round-the-clock project employing combat divers, more than 300 pieces of heavy equipment, and a CC-130 Hercules transport aircraft. As the floodwaters receded, the sappers helped inspect and repair damaged roads.

Manitoba : la bataille de la rivière Rouge

La rivière Rouge coule depuis les deux Dakota jusqu'au lac Winnipeg en traversant un terrain plat, et elle a tendance à déborder au printemps. En 1997, un printemps pluvieux a fait suite à un hiver enneigé, la recette idéale pour un désastre à Winnipeg.

Le 22 avril, le risque pour la ville était si élevé que le 1er Régiment du génie (RG) d'Edmonton et le 2e RG de Petawawa ont été dépêchés à Winnipeg, où ils ont travaillé sans arrêt pendant 22 jours. Ils ont été chargés entre autres d'assurer le transport dans les zones inondées, à l'aide de bateaux d'assaut et de radeaux, de produire de l'eau potable à l'aide d'un SPEOI et de déployer un pont temporaire pour remplacer un pont d'autoroute endommagé.

Pour protéger Winnipeg de l'inondation, les sapeurs ont aussi participé à la construction de la digue Z, un projet sans relâche employant des plongeurs de combat, plus de 300 pièces d'équipement lourd et un CC-130 Hercules de transport. Quand les eaux ont commencé à se retirer, les sapeurs ont aidé à l'inspection et à la réparation des routes endommagées.

Saskatchewan: The Dirty '30s

In 1932, to provide work for at least some of the multitudes of men affected by the economic crisis we now call the Great Depression, the Canadian government launched a nation-wide program of public works under the *Unemployment Relief Act*. Using unskilled labour recruited and paid for under this program, the RCE carried out large-scale construction projects including airfields, highways, barracks and training facilities, fortification repairs and forest management. The program produced $18,213,091 worth of facilities, with a gross expenditure of $24,517,012, and employed 170,000 men who came to be known as the "Royal 20-Centers" because they worked for 20 cents a day and their keep.

Camp Dundurn in central Saskatchewan was a typical unemployment relief project; to convert a 26,000-acre forest reserve to a training area, "hutted accommodations" (one-storey clapboard buildings) and ranges were built.

The unemployment relief projects gave the RCE the experience it needed to build accommodations for the vast Canadian Army of the Second World War.

Saskatchewan : les sales années 30

En 1932, afin de fournir du travail au moins à quelques-uns des nombreux hommes touchés par la crise économique connue aujourd'hui sous le nom de la Grande Crise, le gouvernement canadien a lancé un programme national de travaux publics sous l'égide de la loi remédiant au chômage. Avec l'aide d'une main-d'œuvre non spécialisée, recrutée et payée en vertu de ce programme, le Génie royal canadien a mené des projets de construction à grande échelle, incluant la construction de terrains d'aviation, d'autoroutes, de casernes et d'installations d'entraînement, la réparation de fortifications et la gestion de forêts. Le programme a produit des installations d'une valeur de 18 213 091 $, avec des dépenses brutes de 24 517 012 $, et a employé 170 000 hommes, qu'on allait appeler les « Royal 20-Centers », parce qu'ils travaillaient pour 20 cents par jour, logés et nourris.

Le camp Dundurn dans le centre de la Saskatchewan est le fruit d'un projet typique d'assistance aux chômeurs. Pour transformer une réserve de 26 000 acres de forêt en une zone d'entraînement, il a fallu construire des

« baraques » (bâtiments en clin à un étage) et des champs de tir.

Les projets d'assistance aux chômeurs ont fourni au Génie royal canadien l'expérience dont il avait besoin pour construire des logements pour l'imposante Armée canadienne de la Seconde Guerre mondiale.

Camp Dundurn, Saskatchewan; July 1934: The administration building under construction. (NAC PA-35633)

Camp Dundurn, Saskatchewan, juillet 1934 : l'édifice administratif en construction. (ANC PA-35633)

Alberta: Defence of the Environment

Like most human activities, military training causes environmental damage; unlike many large organizations, however, the Canadian Forces does its best to clean up after itself. Efforts to remove unexploded ordnance from firing ranges, recycle used materials, improve sewage-treatment and garbage-disposal systems, and conserve resources are generally led by military engineers.

CFB Suffield is an enormous military reserve in south central Alberta, and the home of the Defence Research and Development Canada (DRDC) establishment that develops and tests weapons, defensive systems and military vehicles. Military engineers clear and decontaminate the ranges at Suffield to make them safe and to preserve them for future generations. For every new research project or training activity, military engineers identify the procedures required to eliminate or at least mitigate environmental damage. They also conduct an education campaign to inform Canadian Forces members of environmental issues.

Alberta : la défense de l'environnement

À l'instar de la plupart des activités humaines, l'entraînement militaire cause des dommages à l'environnement; cependant, au contraire de bon nombre d'organisations importantes, les Forces canadiennes font de leur mieux pour nettoyer après. Les efforts faits pour nettoyer les champs de tir des munitions explosives non explosées, recycler les matières usées, améliorer le traitement des eaux usées et les systèmes d'élimination des ordures, et conserver les ressources sont généralement menés par des ingénieurs militaires.

La BFC Suffield, une énorme réserve militaire située dans le centre-sud de l'Alberta, accueille le Centre de recherche et développement pour la défense Canada (RDCC), où on développe et fait l'essai des armes, des systèmes de défense et des véhicules militaires. Les ingénieurs militaires nettoient et décontaminent les champs de tir de Suffield afin de les rendre sûrs et de les préserver pour les générations futures. Pour chaque nouveau projet de recherche ou nouvelle activité d'entraînement, les ingénieurs militaires doivent

Due to such efforts, the Department of National Defence (DND) has received many environmental protection awards.

identifier les procédures requises pour éliminer ou tout au moins réduire les dommages à l'environnement. Ils procèdent aussi à des campagnes d'éducation afin d'informer les membres des Forces canadiennes au sujet des questions environnementales.

En raison de ces efforts, le ministère de la Défense nationale a reçu de nombreuses récompenses relatives à la protection de l'environnement.

Suffield, Alberta; 2001: A pronghorn antelope stands on a concrete pad used for testing air and fuel mixtures in a variety of explosive and demolition applications. An armoured personnel carrier can be seen in the background. (DRDC Suffield)

Suffield, Alberta, 2001 : une antilope se tient sur un socle de béton utilisé pour l'essai de différents mélanges d'explosifs gazeux qui seront utilisés pour différentes applications de démolition. On aperçoit en arrière-plan un transport de troupes blindé. (RDDC Suffield)

CFB Suffield, Alberta; 2000: Elk on the morainal plains of the training area, with the tracks of armoured vehicles criss-crossing the terrain in the background. (Master Corporal James R. Gutjahr)

BFC Suffield, Alberta, 2000 : des wapitis dans la plaine morainique du secteur d'entraînement avec les traces des chenilles des véhicules blindés ayant labouré le terrain à l'arrière-plan. (Caporal-chef James R. Gutjahr)

British Columbia: The Military Engineers' Legacy in Stanley Park

Like most of the colonies that became Canadian provinces, British Columbia owes its first surveys and town plans, and much of its original infrastructure, to military engineers.

British sappers under the command of Lieutenant-Colonel Richard Clement Moody of the Royal Engineers surveyed the border between Canada and the United States, from the Pacific Ocean through the Rocky Mountains, and founded the city of New Westminster, which they called Sapperton. They surveyed and laid out the Cariboo wagon trail, supervised its construction, and built two of its most difficult sections. They then explored and mapped the Cariboo district and, while they were at it, policed the gold-mining camps.

When Lieutenant-Colonel Moody and his men laid out the town of Vancouver, their primary concern was defence; therefore, they reserved the tract of land that became Stanley Park to accommodate harbour fortifications. Stanley Park is now one of Canada's greatest treasures.

Colombie-Britannique : le legs des ingénieurs militaires au Stanley Park

Comme la plupart des colonies devenues des provinces canadiennes, la Colombie-Britannique doit ses premiers levés et plans de ville, et une bonne partie de son infrastructure d'origine, aux ingénieurs militaires.

Les sapeurs britanniques, sous la gouverne du lieutenant-colonel Richard Clement Moody du Génie royal canadien, ont arpenté les frontières entre le Canada et les États-Unis, depuis l'océan Pacifique à travers les montagnes Rocheuses, et fondé la ville de New Westminster, qu'ils ont appelée Sapperton. Ils ont arpenté et dessiné la route d'accès à la région de Cariboo, supervisé sa construction et bâti deux de ses sections les plus difficiles. Ils ont ensuite exploré et cartographié le district de Cariboo et, pendant qu'ils y étaient, aidé à maintenir l'ordre dans les camps des chercheurs d'or.

Lorsque le lieutenant-colonel Moody et ses hommes ont dessiné la ville de Vancouver, leur première préoccupation a été la défense : par conséquent, ils ont réservé la bande de terre qui allait devenir le parc Stanley pour accueillir des fortifications portuaires. Le parc Stanley est aujourd'hui l'un des plus beaux trésors du Canada.

Vancouver, British Columbia; November 1943: A gun position in Stanley Park, part of Vancouver's original coastal defences (NAC PA-139855)

Vancouver, Colombie-Britannique, novembre 1943 : une position de tir dans le parc Stanley, élément des défenses côtières originales de Vancouver. (ANC PA-139855)

Yukon Territory: The Northwest Highway System

Between March and November 1942, the United States Corps of Engineers built a road to Fairbanks, Alaska, from "end of steel" at Dawson Creek, British Columbia. On April 1, 1946, when the Canadian section of the Northwest Highway was handed over to the Canadian Army, the RCE became responsible for about 2,600 kilometres of rudimentary "tote road," drivable only by military vehicles.

During their 18 years on the Northwest Highway, Canada's military engineers transformed it into a first-class gravel road 7.5 metres wide, with 28 minor bridges, three major bridges and, every 80 kilometres, bases for the constantly patrolling maintenance crews that often rescued travellers in distress. During this period, military engineers learned to cope with permafrost, floods, avalanches, landslides, forest fires and collapsed bridges.

Territoire du Yukon : l'autoroute du Nord-Ouest

Entre mars et novembre 1942, le Corps of Engineers des États-Unis a construit une route depuis la fin de la voie ferrée à Dawson Creek, en Colombie-Britannique, jusqu'à Fairbanks, en Alaska. Le 1er avril 1946, lorsque la section canadienne de l'Autoroute du Nord-Ouest a été remise à l'Armée canadienne, le Génie royal canadien est devenu responsable d'environ 2 600 kilomètres de route de colonisation rudimentaire, sur lesquels seuls les véhicules militaires arrivaient à rouler.

Pendant les 18 années de leur présence sur l'Autoroute du Nord-Ouest, les ingénieurs

Donjek River, Northwest Highway; August 1946: A civilian surveyor working with 1st Road Maintenance Company, RCE, surveys for a new bridge. (NAC PA-111508)

Rivière Donjek, Autoroute du Nord-Ouest, août 1946 : un arpenteur civil travaillant avec la 1re Compagnie d'entretien de routes, GRC, arpente le site d'un nouveau pont. (ANC PA-111508)

On April 1, 1984, the Department of Public Works took over the Northwest Highway, which continues to play a key role in the region's economy.

Mile 35.3, Northwest Highway; October 1957: The collapsed Peace River Bridge. (CFJIC Z-9869-1)

Mille 35.3, Autoroute du Nord-Ouest, octobre 1957 : le pont effondré de la rivière de la Paix. (CIIFC Z-9869-1)

militaires canadiens l'ont transformé en une route en gravier de première classe de 7,5 mètres de large. On y comptait 28 ponts mineurs, trois ponts importants et, tous les 80 km, des bases pour les équipes de maintenance et de patrouille qui devaient parfois secourir des voyageurs en détresse. Durant cette période, les ingénieurs militaires ont appris à travailler malgré le pergélisol, les inondations, les avalanches, les glissements de terrain, les feux de forêt et les effondrements de ponts.

Le 1er avril 1984, le ministère des Travaux publics a pris en charge de l'Autoroute du Nord-Ouest, qui continue de jouer un rôle dans l'économie de la région.

Mile 35.3, Northwest Highway; June 1960: The new Peace River Bridge, a project that required construction (by 2nd Field Squadron, RCE, from Camp Chilliwack) of a nine-mile detour route including a triple-single Bailey bridge that was the RCE's longest Bailey bridge since 1945. The detour route handled about 7,000 vehicles per week. (CFJIC ZK-2005)

Mille 35.3, Autoroute du Nord-Ouest, juin 1960 : le nouveau pont de la rivière de la Paix, un projet ayant nécessité la construction (par le 2e Escadron de campagne, GRC, du camp de Chilliwack) d'une route de contournement de 9 milles et d'un pont Bailey triple-simple, le plus long pont Bailey du GRC depuis 1945. Ce détour reçoit environ 7 000 véhicules par semaine (CIIFC ZK-2005)

Ottawa, Ontario; May 1963: Captain R. A. Granger of the Army Survey Establishment demonstrates a tellurometer, a device that measures distance by converting the speed of microwaves into metres. This technique is used in the uncluttered landscape of the Arctic, where the microwaves can be beamed between survey stations in line of sight at distances as great as the curvature of the earth will allow. Using this method, a crew of eight Canadian Army surveyors obtained all the survey information required to fill in the last gaps in the topographical maps of the Canadian Arctic. (CFJIC Z-10047-1)

Ottawa, Ontario, mai 1963 : le capitaine R.A. Granger du Service topographique de l'Armée fait une démonstration à l'aide d'un telluromètre, un appareil qui mesure des distances en convertissant la vitesse de micro-ondes en mètres. Cette technique est utilisée dans les paysages dépouillés de l'Arctique, où les micro-ondes peuvent voyager en ligne droite entre deux stations d'arpentage sur des distances aussi grandes que le permet la courbure de la terre. À l'aide de cette méthode, une équipe de huit arpenteurs de l'Armée canadienne a pu obtenir toutes les données d'arpentage nécessaires pour combler les derniers vides des cartes topographiques de l'Arctique canadien. (CIIFC Z-10047-1)

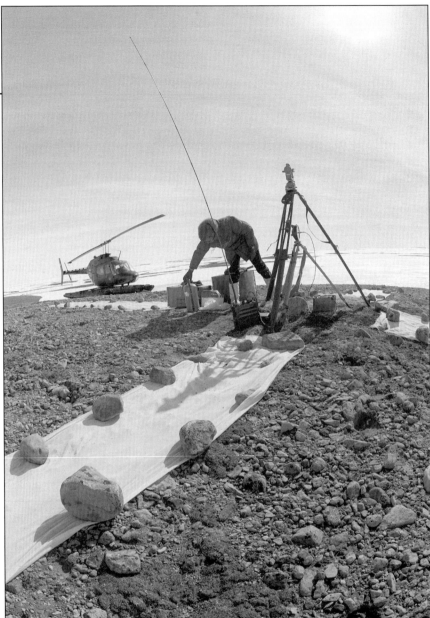

Baffin Island, July 1977: Mapping and Charting Establishment surveyor Captain Scott checks the laydown of markings and plumb during an aerial mapping expedition. (CFJIC REC77-556-10)

Île de Baffin, juillet 1977 : le capitaine Scott, arpenteur du Service de cartographie, vérifie la pose de marques et de nadirs durant une expédition de cartographie aérienne. (CIIFC REC77-556-10)

Northwest Territories: Horseback Surveyors

Maps are based on series of control points accurately located on the earth's surface. To map southern Canada, the civil cadastral surveys that define property holdings were used, but no such documents existed for the north. In the summer of 1947, therefore, the ASE began sending survey crews on horseback to establish control points for the Yukon and Northwest Territories.

Each control point must be visible from two other points to permit verification by triangulation, so mountain peaks are preferred—which meant a great deal of physical exertion for the Army surveyors, who had to achieve a high degree of accuracy. During the winter, each crew would create usable maps from their readings, supplemented with terrain details obtained from RCAF aerial photographs. The labour involved in this task was reduced only somewhat by the introduction of helicopters in 1949.

Territoires du Nord-Ouest : les arpenteurs à cheval

Les cartes se fondent sur une série de points de contrôle déterminés avec précision sur la surface de la terre. Pour cartographier la partie sud du Canada, on a utilisé les levés du cadastre civil qui définissent les droits de propriétés. Mais ce type de documents n'était pas disponible pour le Nord. À l'été 1947, le STA a donc envoyé des équipes d'arpenteurs à cheval pour établir des points de contrôle pour le Yukon et les Territoires du Nord-Ouest.

Chaque point de contrôle devait être visible de deux autres points afin de permettre une vérification par triangulation. L'emplacement préféré de ces points se situait au sommet des montagnes, ce qui impliquait une dépense physique considérable de la part de l'équipe d'arpentage, qui se devait d'obtenir des lectures avec un degré élevé de précision. Durant l'hiver, les équipes en ont profité pour produire des cartes à partir de leurs lectures, et des détails du terrain tirés des photographies aériennes de l'Aviation royale du Canada. L'introduction des hélicoptères en 1949 a permis de réduire un peu le nombre de personnes nécessaires pour accomplir cette tâche.

Nunavut: Airfields for the North

In northern Canada, isolated communities suffer from a lack of administrative and health services. In 1970, to help alleviate this problem, the Department of Indian Affairs partnered with DND and the Department of Transport to build airstrips capable of handling the CC-130 Hercules transport in isolated northern communities. 1 CEU was tasked to oversee planning and construction. Each airstrip comprised a 4,400-foot runway and parking aprons and took two years to build: design work, deployment of equipment and location of materials in the first year and construction in the second. The program employed many local Inuit, especially in the later years.

Between 1970 and 1979, when the program ended, airstrips were built at Pangnirtung, Whale Cove, Cape Dorset, Eskimo Point, Pond Inlet and Spence Bay. By giving isolated communities access to the world, they have done much to improve the quality of life of local residents.

Nunavut : les terrains d'aviation du Nord

Dans le Nord du Canada, les communautés isolées souffrent du manque de services administratifs et de santé. En 1970, pour aider à réduire ce problème, le ministère des Affaires indiennes et du Nord, le MDN et le ministère des Transports se sont associés pour construire des pistes d'atterrissage capables d'accueillir le CC-130 Hercules dans les localités isolées du Nord. La 1re Unité du Génie construction (UGC) a été chargée de superviser la planification et la construction de ces pistes. Chaque piste comptait une piste de roulement de 4 400 pieds et des aires de stationnement et a demandé deux années d'efforts : travaux de conception, déploiement de l'équipement et repérage des matériaux la première année, et travaux de construction la deuxième année. Le programme a employé de nombreux Inuit de la place, surtout dans les dernières années.

Entre 1970 et 1979, année où le programme a pris fin, des pistes d'atterrissage ont été construites à Pangnirtung, Whale Cove, Cape Dorset, Eskimo Point, Pond Inlet et Spence Bay. En donnant aux communautés isolées du Nord un accès au reste du monde, ces pistes ont permis d'améliorer la qualité de vie des résidents locaux.

Cape Dorset, Nunavut; July 1975: Rock-drill operator Master Corporal Greg Flinn discusses problems on the runway site with Chief Warrant Officer McBride. (CFJIC ISC75-1047)

Cape Dorset, Nunavut, juillet 1975 : le caporal-chef Greg Flinn, opérateur de perforatrice, discute de problèmes sur le site d'une piste avec l'adjudant-chef McBride. (CIIFC ISC75-1047)

Cosmos Lake, Nunavut; February 1978: During *Operation MORNING LIGHT*, the recovery of radioactive material from the fallen satellite Cosmos 954, heavy equipment operators use bulldozers to clear snow from an ice runway. (CFJIC ISC78-1062)

Cosmos Lake, Nunavut, février, 1978 : Pendant l'*opération MORNING LIGHT*, la récupération de matériel radioactif provenant du satellite Cosmos 954 écrasé, des opérateurs de machinerie lourde enlèvent la neige d'une piste sur la glace à l'aide de bulldozers. (CIIFC ISC78-1062)

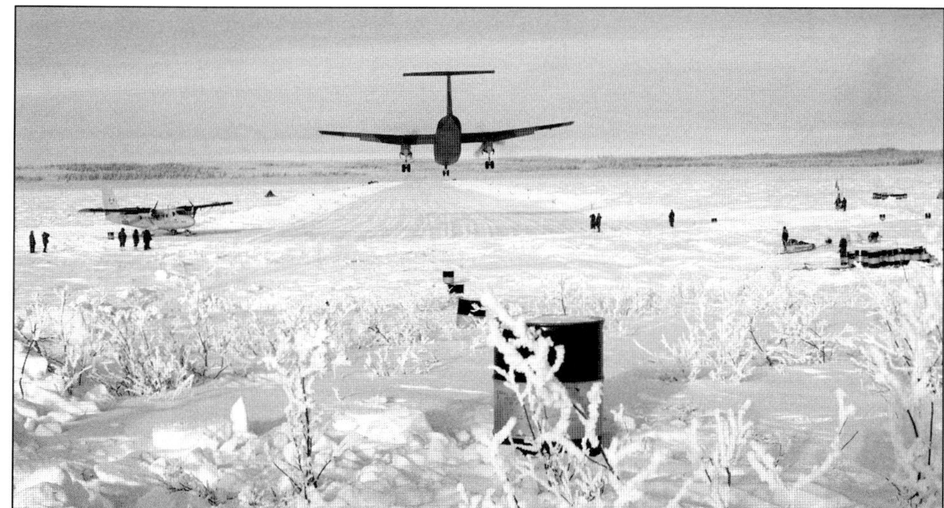

Cosmos Lake, Nunavut; February 1978: A CC-115 Buffalo transport operated by 424 Squadron lands on a newly constructed airstrip with a load of equipment for *Operation MORNING LIGHT*. (CFJIC ISC78-1051)

Cosmos Lake, Nunavut, février, 1978 : Un appareil de transport CC-115 Buffalo du 424e Escadron se pose sur une piste nouvellement construite avec son chargement d'équipement destiné à l'*opération MORNING LIGHT*. (CIIFC ISC78-1051)

Bromptonville, Quebec; October 2001: The 66-metre Bernier Bridge over the St-François River, built in 2001 by 5ᵉ RG from Valcartier, Quebec, allows cyclists and snowmobilers to cross the river safely and provides an essential link to the Green Belt and the Trans Canada Trail (5ᵉ RG)

Bromptonville, Québec, octobre 2001 : le pont Bernier, long de 66 mètres, sur la rivière St-François; construit en 2001 par le 5ᵉ Régiment du génie de Valcartier, Québec, il permet aux cyclistes et aux motoneigistes de traverser la rivière en toute sécurité. Il constitue un lien essentiel de la Route verte et du Sentier transcanadien (5 RG).

Canada: Bridges on the Trans Canada Trail

The Trans Canada Trail is the world's longest recreational trail, a footpath that weaves through the nation's forests, woodlands, marsh and tundra, over mountains, across flat and rolling grasslands and around lakes of all sizes from small to superior, leaping countless gullies, ravines, rivers and streams.

To commemorate a century of service, serving and former Canadian Forces military engineers, military engineer cadets, and civilian associates contributed their expertise and labour to the Bridges for Canada project, under which they helped construct bridges along the trail in co-

Canada : les ponts du Sentier transcanadien

Le Sentier transcanadien est le plus long sentier récréatif au monde. Il suit une longue voie nationale à travers des forêts, des terrains boisés, des marécages, des toundras, des terrains plats et montagneux et autour de lacs, petits et grands, et franchit d'innombrables fossés, ravins, rivières et ruisseaux.

Pour commémorer les cent ans de service du Génie militaire canadien, des ingénieurs militaires des Forces canadiennes, des élèves-officiers du génie militaire et leurs associés civils ont offert leur savoir-faire et leur main-d'œuvre dans le cadre du projet « Des ponts pour le Canada ». Ils ont ainsi

Port Hawkesbury, Nova Scotia; May 2002: The new Ghost Beach Bridge hangs from two cranes while CFSME instructors hurry to remove the raft from the gap before the tide turns. (CFSME)

Port Hawkesbury, Nouvelle-Écosse, mai 2002 : le nouveau pont de la plage Ghost est suspendu entre deux grues pendant que des instructeurs de l'École du génie militaire se dépêchent d'enlever le radeau du site avant le changement de marée. (EGMFC)

operation with the Trans Canada Trail Foundation and local trail builders. Military engineers built or restored more than 40 bridges, working in every province and territory. All along the trail, in communities across the country, the Bridges for Canada stand to remind us of the contribution Canada's military engineers have made to their homeland.

participé à la construction de ponts le long du sentier en collaboration avec la Fondation du sentier transcanadien et des entrepreneurs locaux. Les ingénieurs militaires ont construit ou restauré plus de quarante ponts, dans chaque province et territoire. Tout le long du sentier, dans les localités à travers le pays, les ponts pour le Canada nous rappellent la contribution des ingénieurs militaires canadiens à leur pays.

Cole Harbour, Nova Scotia; June 2000: The 40-metre Ready Aye Ready Bridge under construction. (NCT[A])

Cole Harbour, Nouvelle-Écosse, juin 2000 : construction du pont « Prêt oui prêt », long de 40 mètres. (TCN[A])

Shannon, Quebec; July 2001: Sappers from 5e RG heaving 23-metre logs into position on the Rivière Jacques-Cartier Bridge. (CFJIC ISD01-9104)

Shannon, Québec, juillet 2001 : des sapeurs du 5e Régiment du génie positionnent ce billot de 23 mètres sur le pont de la rivière Jacques-Cartier. (CIIFC ISD01-9104)

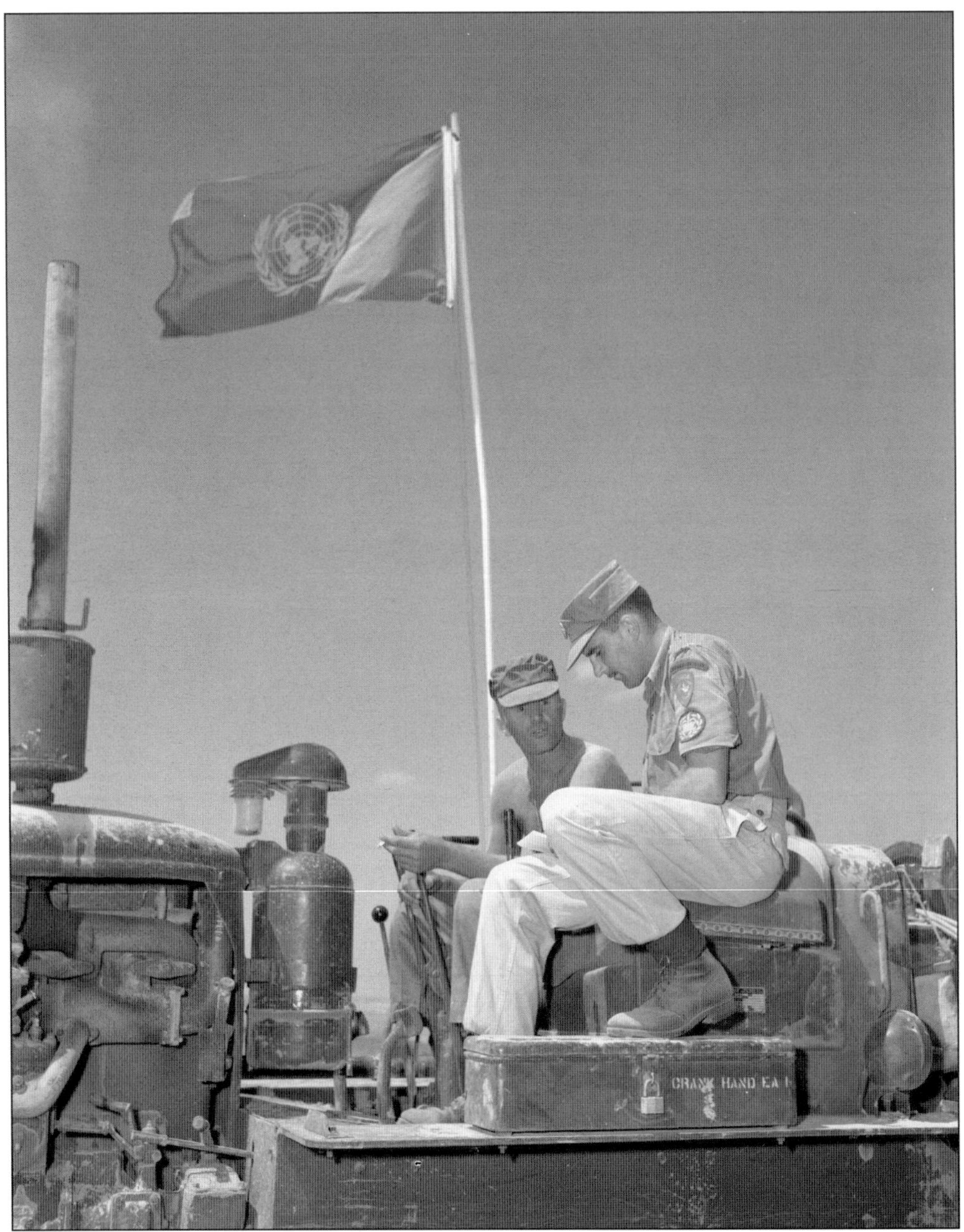

Middle East, September 1957: Warrant Officer Class 2 Jack Murphy (right) checks progress with Sapper Nick Proo during road-construction operations on the Demarcation Line between Israel and the Gaza Strip. (CFJIC ME-831)

Moyen-Orient, septembre 1957: le sous-officier breveté de 2e classe Jack Murphy (à droite) vérifie avec le sapeur Nick Proo les progrès des travaux de construction de route sur la ligne de démarcation en Israël et la bande de Gaza. (CIIFC ME-831)

Community Service

Canada's military engineers describe themselves as ubiquitous and, in fact, engineer units of all sizes flourish across the nation. Even in small groups, engineers have a uniquely special relationship with the communities where they live and work. Perhaps it is their sheer usefulness that endears them to their neighbours, but it could also be their generous nature, which seems to produce the spirit of community service that permeates most engineer units.

When on operations far from home, military engineers typically feel compelled to leave the place better than they found it. Somehow, schools are constructed and wells are drilled, bridges are built between communities and barriers are torn down. It is easy to find practical ways to improve the quality of life in communities stricken by war and famine, but even peaceful Canadian communities have needs, and military engineers like to convert those needs into training opportunities—thus building community service into their routine unit activities.

Service à la communauté

Les ingénieurs militaires canadiens sont, selon leurs dires, omniprésents. En fait, des unités du génie de toutes les tailles prospèrent à travers tout le pays. Même les unités les plus petites ont su établir des liens privilégiés avec les communautés où vivent et travaillent les ingénieurs militaires. C'est peut-être leur utilité pure et simple qui leur vaut l'affection de leurs voisins, mais ce pourrait aussi être leur nature généreuse, qui semble produire l'esprit de service à la communauté qui ressort de la plupart des unités du génie.

Lorsqu'ils sont en mission loin de chez eux, les ingénieurs militaires ressentent souvent le besoin de laisser sur place quelques améliorations. Parfois, des écoles sont érigées et des puits sont creusés, des ponts sont construits entre des localités et des barrières sont démolies. Il est facile de trouver des façons pratiques d'améliorer la qualité de vie des communautés frappées par la guerre et la famine, mais même les communautés canadiennes paisibles ont des besoins, et les ingénieurs militaires aiment transformer ces besoins en occasions d'apprentissage. Le service à la communauté fait donc partie de leurs activités de routine.

Community service projects also provide opportunities for Reserve units to enter the annual competition for the prestigious Hertzberg Trophy, awarded for the best field engineer task of the year.

The pictures that follow demonstrate the pride with which Canada's military engineers serve their communities.

Les projets de service à la communauté fournissent également des occasions aux unités de la Réserve de participer au concours annuel pour le prestigieux trophée Hertzberg, qui récompense le meilleur ouvrage de génie de l'année.

Les images qui suivent montrent avec quelle fierté les ingénieurs militaires canadiens servent leurs communautés.

Eleuthera, Bahamas; October 1992: Canadian military engineers rebuilding a house flattened by Hurricane Andrew. (CFJIC IHC92-9-35)

Eleuthera, Bahamas, octobre 1992: des ingénieurs militaires canadiens rebâtissent une maison démolie par l'ouragan Andrew. (CIIFC IHC92-9-35)

1 CER: Operation MOLLUSC

During the hot, dry summer of 1998, raging forest fires threatened the British Columbia towns of Kamloops, Lillooet and Salmon Arm. On August 7, a company of infantry from Edmonton, Alberta, deployed to join the firefighters, and on August 17, 100 sappers from 1 CER arrived to take over the firefighting effort. With the help of cool, wet weather, the sappers had the worst of the hot spots mopped up by August 20.

1er Régiment du génie : l'opération MOLLUSC

Durant l'été chaud et sec de 1998, de violents feux de forêts ont menacé les villes de Kamloops, de Lillooet et de Salmon Arm en Colombie-Britannique. Le 7 août, une compagnie d'infanterie d'Edmonton, en Alberta, se joint aux pompiers et le 17 août, 100 sapeurs du 1er Régiment du génie arrivent sur place pour prendre le relais. Aidés d'une température froide et humide, les sapeurs parviennent le 20 août à éteindre les pires des points chauds.

Near Redwater, Alberta; June 2002: Section commander Master Corporal Paul Albertson of 1 CER directs his crew to search for hot spots while fighting forest fires. (CFJIC 914C0672)

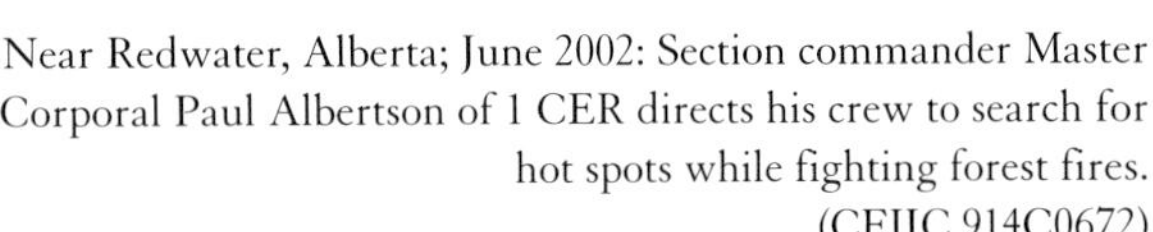

Près de Redwater, Alberta, juin 2002 : le commandant de section, caporal-chef Paul Albertson, indique à son équipe où chercher des points chauds pendant qu'ils combattent un incendie de forêt. (CIIFC 914C0672)

2 CER: The Petawawa River Bridge

On March 7, 1972, when the bridge over the Petawawa River on the Trans-Canada Highway collapsed, the government of Ontario called for help, and 1 Field Squadron (now 2 CER) from CFB Petawawa responded. Using ferries, the sappers got traffic moving again within 12 hours. Within the next three weeks, they had installed and operated an assault-boat ferry, a class-30 ferry and a class-30 raft bridge, and replaced the collapsed structure with a pair of 85-metre Bailey bridges.

1er Escadron de campagne (maintenant le 2e Régiment du génie) : le pont de la rivière Petawawa

Le 17 mars 1972, lorsque le pont enjambant la rivière Petawawa sur la Transcanadienne s'effondre, le gouvernement de l'Ontario demande de l'aide, et le 1er Escadron de campagne de la BFC Petawawa répond à l'appel. À l'aide de transbordeurs, les sapeurs rétablissent la circulation dans les douze heures. Dans les trois semaines suivantes, les sapeurs installent et exploitent un transbordeur d'assaut, un transbordeur de classe 30 et un pont-radeau de classe 30, et remplacent la structure effondrée par une paire de ponts Bailey de 85 mètres.

Petawawa, Ontario; March 1972: Temporary bridge over the Petawawa River built by 1st Field Squadron on the Trans-Canada Highway. (2 CER)

Petawawa, Ontario, mars 1972 : pont temporaire sur la route transcanadienne au-dessus de la rivière Petawawa par le 1er Escadron de campagne. (2e EG)

4 ESR: Exercise SEA BREEZE

On October 23, 1986, the abandoned Canadian Sardine Factory complex at Chamcook, New Brunswick, met its doom: 61 members of 22nd FES (now 4 ESR) from CFB Gagetown, equipped with explosives and under orders to flatten the place. A major demolition project is a valuable training opportunity, so the sappers took students on tours through the buildings when the charges were rigged, and conducted a dry run. The buildings came down on November 7, 1986.

4e Régiment d'appui du génie : exercice SEA BREEZE

Le 23 octobre 1986, l'usine de sardines abandonnée de Chamcook, au Nouveau-Brunswick fait face à son destin : 61 membres du 22e Escadron du génie (maintenant le 4e Régiment d'appui du génie) de la BFC Gagetown munis d'explosifs ont reçu ordre de raser l'endroit. Les grands projets de démolition constituent des occasions de formation inestimables : les sapeurs ont donc amené des stagiaires dans les bâtiments une fois les charges fixées et procédé à un essai à blanc. Les bâtiments ont été rasés le 7 novembre 1986.

Chamcook, New Brunswick; October 1986: The derelict Canadian Sardine Factory. (4 ESR)

Chamcook, Nouveau-Brunswick, octobre 1986 : la Canadian Sardine Factory en ruines. (4 RAG)

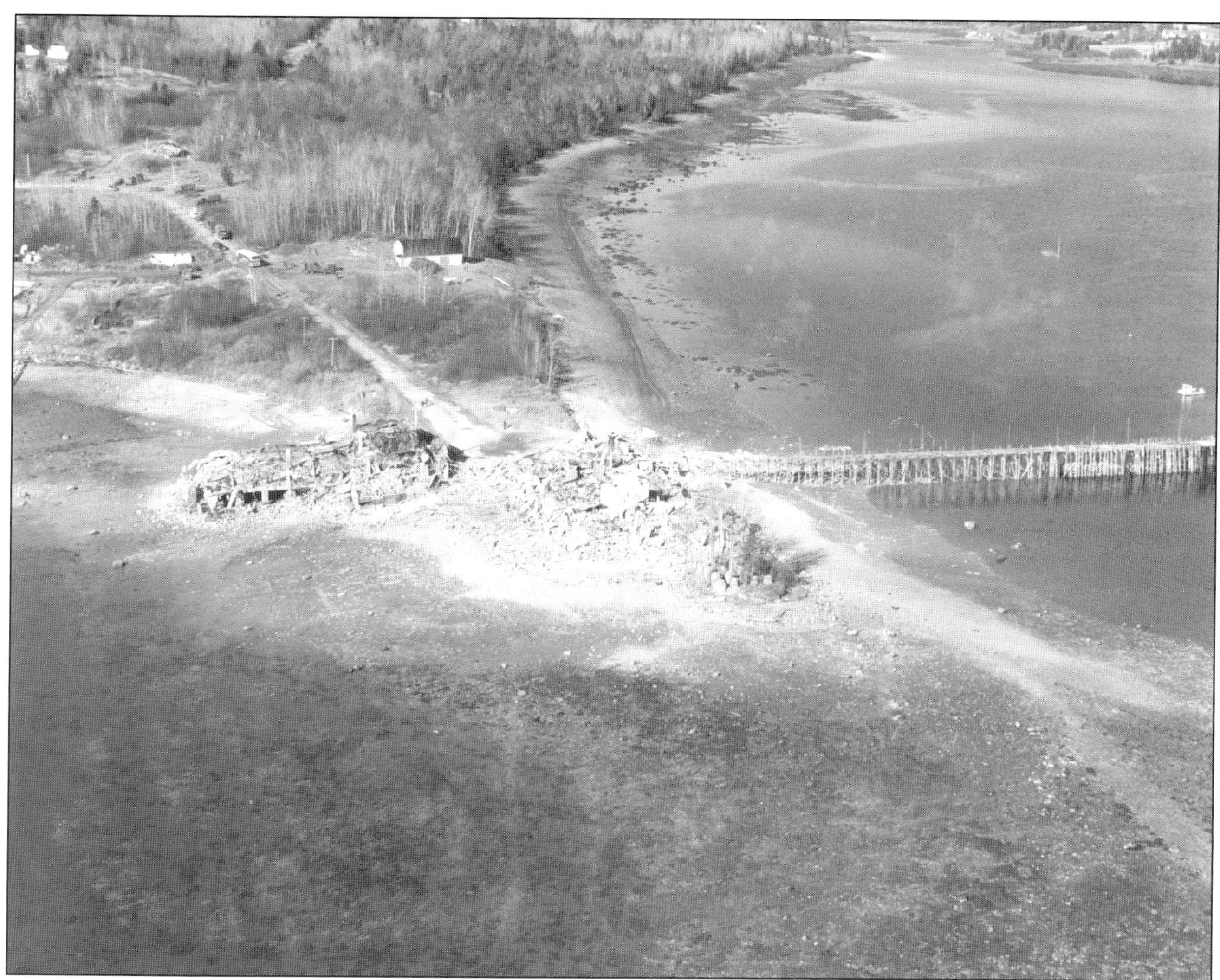

Chamcook New Brunswick; October 1986: The rubble of the Canadian Sardine Factory. (4 ESR)

Chamcook, Nouveau-Brunswick, octobre 1986 : les décombres de la Canadian Sardine Factory. (4 RAG)

5e RG: Operation RECUPERATION

On January 8, 1998, the day after a record-breaking five-day ice storm, approximately 350 members of 5e Régiment du Génie (RG) arrived in the "black triangle" of Sainte-Hyacinthe, Granby and Saint-Jean-sur-Richelieu to help Hydro-Québec crews salvage hydro poles, transport transformers, clear ice from power cables, and set up emergency shelters. The sappers of 5e RG were

5e Régiment du génie : opération RECUPERATION

Le 8 janvier 1998, après une tempête de verglas record de cinq jours, environ 350 membres du 5e Régiment du génie sont dépêchés dans le « triangle noir » entre Saint-Hyacinthe, Granby et Saint-Jean-sur-Richelieu afin d'aider les équipes d'Hydro-Québec à réparer les pylônes électriques, à transporter des transformateurs, à enlever la

St-Césaire, Quebec; January 1998: Sappers use a Badger armoured engineering vehicle to remove the wreckage of a hydro tower that collapsed under its coat of ice. (CFJIC RED98050-132a)

St-Césaire, Québec, janvier 1998 : des sapeurs utilisent un véhicule blindé du génie pour enlever les restes d'un pylône qui s'est effondré sous le poids de la glace. (CIIFC RED98050-132a)

the first of 16,000 Canadian Forces members to deploy on *Operation RECUPERATION* and the last to stand down—again, first in and last out!

glace des câbles électriques et à mettre en place des abris d'urgence. Les sapeurs du 5e RG ont été les premiers des 16 000 membres des Forces canadiennes à participer à l'*opération RECUPERATION*, et les derniers à faire relâche. Encore une fois, les premiers arrivés et les derniers à partir!

Quebec, January 1998: A sapper from 5e RG salvages insulators from a wrecked hydro tower. (5e RG)

Québec, janvier 1998 : un sapeur du 5e RG récupère les isolateurs d'un pylône écrasé. (5e RG)

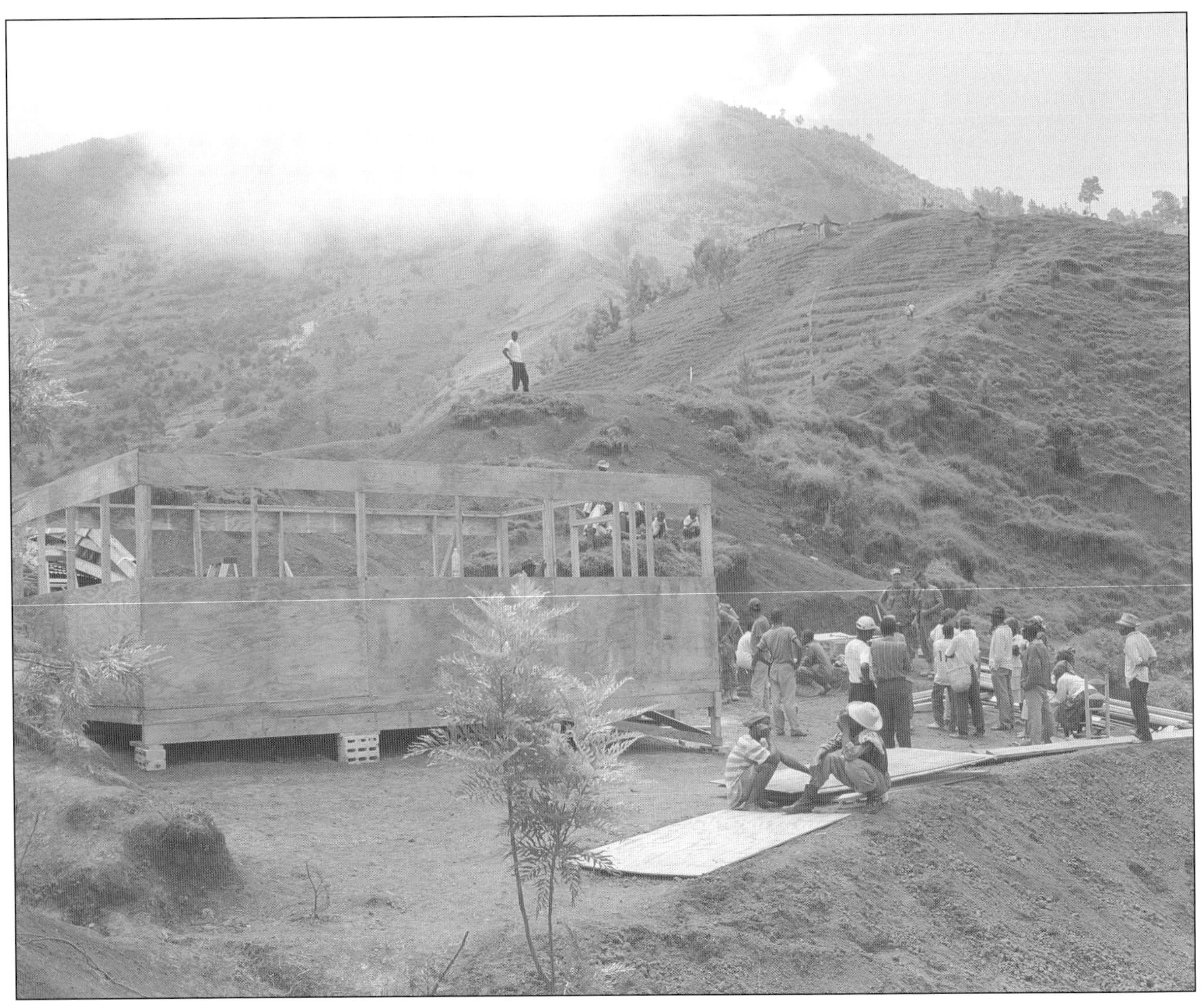

Non-Pagnol, Haiti; June 1996: Engineers from 4 ESR building a school. (CFJIC IEC96-655-26)

Non-Pagnol, Haïti, juin 1996 : des ingénieurs du 4 Régiment d'appui du génie construisent une école (CIIFC IEC96-655-26)

Canadian Airfield Engineering Squadron (Haiti): Supporting the United Nations

In March 1995, the Canadian Airfield Engineer Squadron (Haiti) was formed for a six-month tour in support of the United Nations Mission in Haiti (UNMIH). Among the tasks they completed that summer, in temperatures well above 40° Celsius, the Canadian engineers restored the École St-Val-Rey in Gonaives, which had been used as a garbage dump and public toilet. At the formal re-opening of the school, the UNMIH force commander remarked, "Thank God for the Engineers; they get things done."

Escadron canadien du génie de l'air (Haïti) : à l'appui des Nations Unies

En mars 1995, l'Escadron canadien du génie de l'air (Haïti) est formé pour une mission de six mois en appui à la Mission des Nations Unies à Haïti (MINUHA). Entre autres tâches effectuées durant l'été, à des températures dépassant souvent 40° Celsius, les ingénieurs canadiens ont restauré l'École St-Val-Rey à Gonaives. L'endroit avait servi de dépotoir et de toilettes publiques. À l'inauguration officielle de l'école, le commandant de la force MINUHA a eu les mots suivants : « Merci mon Dieu pour les ingénieurs— ils sont les seuls qui font que les choses se réalisent ».

2nd FER: The "Double Trouble" Bridge, Toronto, Ontario

On October 15, 1954, Hurricane Hazel blew through Toronto, devastating the city—in particular, wrecking the bridge over the Rouge River at Finch Avenue. With a 58-metre gap to span, Lieutenant M. J. (Mid) Kitchen of 2nd Field Engineering Regiment (FER) decided to install a double-single Bailey bridge supported by a pile-trestle pier. With upgraded girders, the basic bridge structure and the pile-trestle pier are in place and in continuous use to this day.

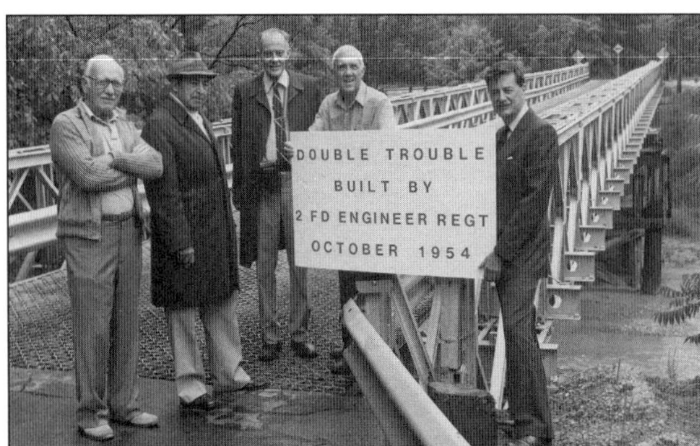

Toronto, Ontario; October 1984: The sappers who built the Double Trouble Bridge pose on it for their 30th anniversary reunion portrait. (2nd FER)

Toronto, Ontario, octobre 1984 : les sapeurs qui ont construit le pont « Double Trouble » posent devant ce dernier à l'occasion de leurs retrouvailles pour le 30e anniversaire de sa construction. (2e RG)

2e Régiment du génie : le pont « Double Trouble », Toronto, Ontario

Le 15 octobre 1954, l'ouragan Hazel souffle sur la ville de Toronto, dévastant la ville et emportant le pont de la rivière Rouge de l'avenue Finch. Avec une brèche de 58 mètres à combler, le lieutenant M.J. (Mid) Kitchen du 2e Régiment du génie décide d'installer un pont Bailey soutenu par un chevalet à pilot. Aujourd'hui, les poutres ont été renforcées, mais la structure de base du pont et le chevalet à pilot sont toujours en place et le pont est encore utilisé.

Toronto, Ontario; summer 2001: The Double Trouble Bridge. (2nd FER)

Toronto, Ontario, été 2001 : le pont « Double Trouble ». (2e RG)

3rd FES: Shirley's Bay Floating Dock, Ottawa, Ontario

In 1961, 3rd FES from Ottawa built a T-shaped floating dock for the Boy Scouts' National Jamboree to be held at Connaught Range. Using Bailey pontoons and "floating boat equipment" left over from the Second World War, the sappers completed the job on weekends between June 9 and June 28. It won the Hertzberg Trophy as the best field engineer task of 1961.

3e Escadron du génie : le quai flottant de la baie Shirley, Ottawa, Ontario

En 1961, le 3e Escadron du génie d'Ottawa construit un quai flottant en T pour le jamboree national des Scouts qui doit avoir lieu à Connaught Range. À l'aide de pontons Bailey et d'un équipement de bateau flottant récupéré de la Seconde Guerre mondiale, les sapeurs font le travail durant les fins de semaine entre le 9 et le 28 juin. Ils se sont mérités le trophée Hertzberg pour le meilleur ouvrage de génie de 1961.

Ottawa, Ontario; June 1961: Sappers from 3rd FES building a raft for the National Jamboree of the Boy Scouts of Canada. (3rd FES)

Ottawa, Ontario, juin 1961 : des sapeurs du 3e Escadron du génie construisent un quai flottant pour le jamboree national des Scouts du Canada. (3e EG)

6th FES: Lieutenant-Colonel J. P. Fell Armoury, North Vancouver, British Columbia

Built in 1914 for $30,000 by 6th Field Company, Canadian Engineers (now 6th FES, CME), the Lieutenant-Colonel J. P. Fell Armoury has served the Canadian Forces and the community of North Vancouver ever since. The armoury's construction was supposed to be contracted out, but 6th Field Company took the project over when war was declared. Like other Militia units, 6th Field Company remained in Canada throughout the Great War while its members went overseas to fight with the Canadian Expeditionary Force.

6e Escadron du génie : le manège militaire Lieutenant-colonel J.P. Fell, Vancouver Nord, Colombie-Britannique

Construit en 1914 au coût de 30 000 $ par les ingénieurs canadiens de la 6e Compagnie de campagne (maintenant le 6e Escadron du génie), le manège militaire Lieutenant-colonel J.P. Fell sert les Forces canadiennes et la communauté de Vancouver Nord depuis cette date. La construction du manège militaire devait être confiée à la sous-traitance, mais la 6e Compagnie de campagne a pris le projet en charge quand la guerre s'est déclarée. À l'instar des autres unités de la Milice, la 6e Compagnie de campagne est demeurée au Canada tout au long de la Grande Guerre, même si certains de ses membres sont allés outre-mer combattre avec le Corps expéditionnaire canadien.

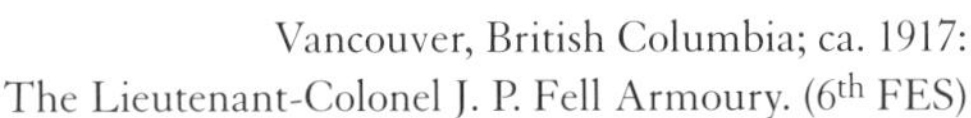

Vancouver, British Columbia; ca. 1917: The Lieutenant-Colonel J. P. Fell Armoury. (6th FES)

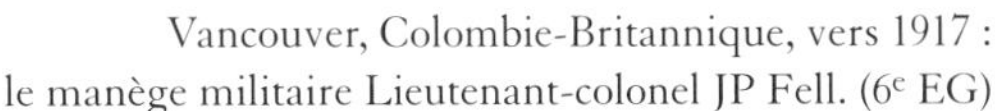

Vancouver, Colombie-Britannique, vers 1917 : le manège militaire Lieutenant-colonel JP Fell. (6e EG)

Vancouver, British Columbia; July 1917: A public picnic at the Lieutenant-Colonel J. P. Fell Armoury. (6th FES)

Vancouver, Colombie-Britannique, vers 1917 : pique-nique populaire au manège militaire Lieutenant-colonel JP Fell. (6e EG)

9e EG: Ski Run and Suspension Bridge, Rouyn-Noranda, Quebec

In 1984, 9e Escadron du Génie (EG) of Rouyn-Noranda, Quebec, was asked to clear a new ski run on Mount Kanasuta, and the CHIMO! Run now challenges skiers every winter. In 1990, the squadron partnered with 5e RG from Valcartier in the construction of a new suspension bridge in Aiguebelle Provincial Park, now known as the UBIQUE Crossing. 9e EG also sponsors the community's very active Engineer Cadet corps.

9e Escadron du génie : piste de ski et pont suspendu, Rouyn-Noranda, Québec

En 1984, le 9e Escadron du génie (EG) de Rouyn-Noranda, au Québec, est chargé de nettoyer une nouvelle piste de ski au mont Kanasuta. La piste CHIMO accueille maintenant les skieurs chaque hiver. En 1990, l'escadron s'associe au 5e Régiment du génie de Valcartier pour la construction d'un nouveau pont suspendu au parc provincial d'Aiguebelle, le pont UBIQUE. Le 9e EG parraine également le très actif Corps des cadets du génie de la communauté.

Mount Kanasuta, Quebec; 1984: Sappers clearing the trail for the CHIMO! Run. (9e EG)

Mont Kanasuta, Québec, 1984 : des sapeurs nettoient la future piste CHIMO. (9e EG)

Aiguebelle, Quebec; 1990: The UBIQUE Crossing. (9e EG)

Aiguebelle, Québec, 1990 : le pont UBIQUE. (9e EG)

10e EG: Road, Trail and Suspension Bridge, St-Iréné, Quebec

On June 6, 1992, 10e EG of Québec City received the Freedom of the City of St-Iréné, Quebec, in gratitude for a road, trail and suspension bridge project valued at $75,000. The project was executed to provide access to a natural source of potable water.

10e Escadron du génie : route, sentier et pont suspendu, St-Irénée, Québec

Le 6 juin 1992, le 10e Escadron du génie de la ville de Québec reçoit droit de cité de la ville de St-Irénée, au Québec, en remerciement de sa participation à la construction d'une route, d'un sentier et d'un pont suspendu évalués à 75 000 $. Le projet a vu le jour pour permettre un accès à une source naturelle d'eau potable.

St-Iréné, Quebec; June 1992: The suspension bridge under construction. (10e EG)

St-Irénée, Québec, juin 1992 : le pont suspendu en construction. (10e EG)

14 AES: Lake Pleasant Campers' Club, Greenwood, Nova Scotia

In the fall of 1996, a newly formed team of Regular and Reserve Force members of 14 AES from Lunenburg, Nova Scotia, and Gander, Newfoundland, built six wood-framed, clapboard cabins from the ground up, working with astonishing speed and precision. Many of the team members enjoyed working "out of trade" as carpenters, and gained valuable experience in raising frame buildings.

14e Escadron du génie de l'air : club de camping de Lake Pleasant, Greenwood, Nouvelle-Écosse

À l'automne 1996, une nouvelle équipe formée de membres de la Force régulière et de la Réserve du 14e Escadron du génie de l'air de Lunenburg, en Nouvelle-Écosse, et de Gander, à Terre-Neuve, procède à la construction de six cabines en clin à charpente en bois, travaillant avec une vitesse et une précision étonnantes. Bon nombre des membres de l'équipe ont apprécié travailler à contre-emploi comme menuisiers et ont tiré une expérience inestimable de ce projet.

14 Wing Greenwood, Nova Scotia; 1996: A cabin nears completion. (14 AES)

14e Escadre Greenwood, Nouvelle-Écosse, 1996 : une maisonnette presque achevée. (14e EGA)

31 CER (The Elgins): Mill Pond Boardwalk, Dorchester, Ontario

In 2001, 31 CER (The Elgins) of St. Thomas, Ontario, won the Hertzberg Trophy for the third time in four years with a boardwalk over the Mill Pond section of the Dorchester Community Trail. The Mill Pond Boardwalk features a helical-pier foundation system that provides a high degree of stability on swampy terrain.

31e Régiment du génie (le Elgin) : promenade du bassin Mill Pond, Dorchester, Ontario

En 2001, le 31e Régiment du génie (le Elgin) de St. Thomas, en Ontario, s'est mérité le trophée Hertzberg pour la troisième fois en quatre ans pour la réalisation d'une promenade sur la section du Mill Pond du sentier communautaire de Dorchester. La promenade comporte un système de fondation à pivot hélicoïdal offrant une très grande stabilité sur terrain marécageux.

St. Thomas, Ontario; 2001: The Hertzberg Bridge section of the Mill Pond Boardwalk under construction. (31 CER)

St. Thomas, Ontario, 2001 : la section du pont Hertzberg de la promenade Mill Pond en construction. (31e RG)

St. Thomas, Ontario; 2001: The Hertzberg Bridge section of the Mill Pond Boardwalk under construction. (31 CER)

St. Thomas, Ontario, 2001 : la section du pont Hertzberg de la promenade Mill Pond en construction. (31e RG)

33rd FES: Lynwood Bridge, Calgary, Alberta

In 1993, the Calgary Sappers (33rd FES) built a new staircase and pedestrian bridge to provide access to Lynwood Park across a slough, using plans drawn up by the city. The completed project comprised a non-standard bridge of logs with gabion baskets for piers (a task that required wading through the cold, fetid water of the slough), and a staircase cut into the steep hill at a grade suitable for senior citizens.

33e Escadron du génie : pont Lynwood, Calgary, Alberta

En 1993, les sapeurs de Calgary (33e Escadron du génie) construisent un nouvel escalier et un nouveau pont piétonnier donnant accès au parc Lynwood. Le pont enjambe un terrain marécageux et les sapeurs utilisent les plans dessinés par la ville. Le projet comprend un pont de billes de bois non standard muni de paniers de gabions pour les pivots (une tâche qui a obligé les sapeurs à barboter dans l'eau froide et fétide du marécage) et un escalier découpé dans la pente raide, avec une inclinaison adaptée pour les personnes âgées.

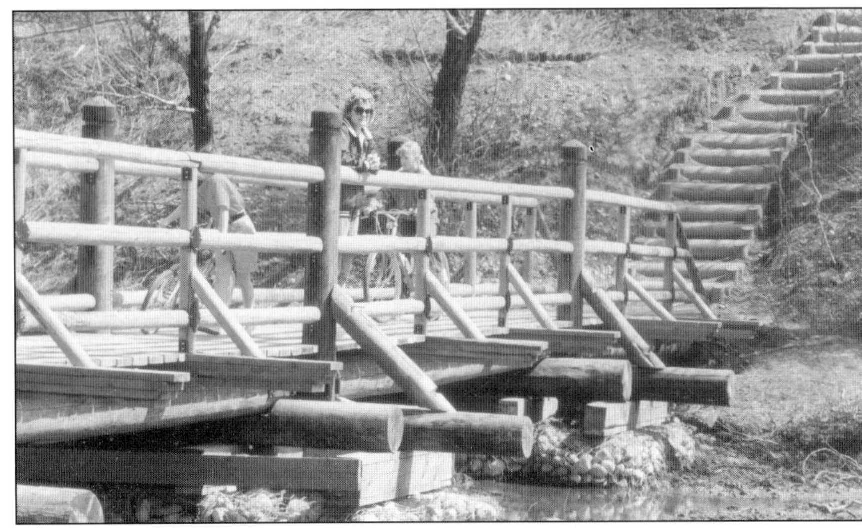

Calgary, Alberta; 1993: Hikers enjoy the Lynwood Bridge. (33rd FES)

Calgary, Alberta, 1993 : des randonneurs profitent du pont Lynwood. (33e EG)

Calgary, Alberta; 1993: The Lynwood Bridge under construction. (33rd FES)

Calgary, Alberta, 1993 : le pont Lynwood en construction. (33e EG)

44th FES: Exercise RIGOROUS RUMBLE

On September 27, 1980, 23 members of 44th FES from Trail, British Columbia, travelled to the isolated community of Stewart, British Columbia, to blow the Big Missouri dam at the request of its owner, the international mining and metals company Cominco. Work began on September 29 and continued until October 3, consuming 938 kilograms of explosives. The operation was conducted in stages to protect downstream communities from flash flooding.

44e Escadron du génie : exercice RIGOROUS RUMBLE

Le 27 septembre 1980, 23 membres du 44e Escadron du génie de Trail, en Colombie-Britannique, se rendent dans la communauté isolée de Stewart, en Colombie-Britannique, pour faire sauter le barrage Big Missouri, à la demande de son propriétaire, la société minière internationale Cominco. Les travaux ont débuté le 29 septembre et ont pris fin le 3 octobre, et ont nécessité 938 kilogrammes d'explosifs. L'opération s'est déroulée par étapes, afin de protéger les communautés en aval des inondations.

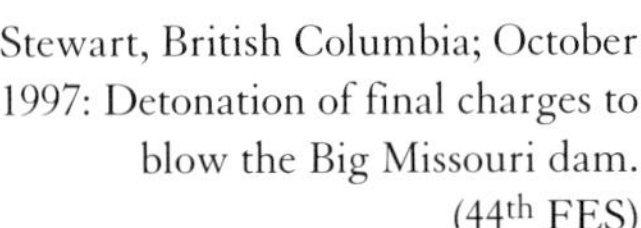

Stewart, British Columbia; October 1997: Detonation of final charges to blow the Big Missouri dam. (44th FES)

Stewart, Colombie-Britannique, octobre 1997 : explosion des charges finales pour démolir le barrage Big Missouri. (44e EG)

Stewart, British Columbia; October 1997: Engineers checking progress during the demolition of the Big Missouri dam. (44th FES)

Stewart, Colombie-Britannique, octobre 1997 : des ingénieurs vérifient les progrès accomplis dans la démolition du barrage Big Missouri. (44e EG)

Stewart, British Columbia; October 1997: The Big Missouri dam is gone and the river returns to its natural course. (44th FES)

Stewart, Colombie-Britannique, octobre 1997 : le barrage Big Missouri a disparu et la rivière a repris son cours naturel. (44e EG)

56th FES: Gun Salute Battery, St. John's, Newfoundland

The sappers of 56th FES of St. John's are the only military engineers in the Canadian Forces authorized to perform gun salutes. Because the province of Newfoundland and Labrador lacks artillery units, 56th FES has performed the duties of a Saluting Battery since 1975. Today, they fire 105-millimetre C1 howitzers to mark national holidays and solemn occasions such as Remembrance Day.

56e Escadron du génie : salut au canon, St. John's, Terre-Neuve

Les sapeurs du 56e Escadron du génie de St. John's sont les seuls ingénieurs militaires des Forces canadiennes autorisés à effectuer le salut au canon. Étant donné que la province de Terre-Neuve et du Labrador ne dispose pas d'unités d'artillerie, c'est le 56e EG qui se charge d'effectuer les saluts au canon depuis 1975. Aujourd'hui, il tire des coups de l'obusier C1 105 mm pour souligner la fête nationale et à l'occasion de cérémonies solennelles, comme le Jour du Souvenir.

St. John's, Newfoundland; November 11, 1987: (From left) Sapper Mercer (loader), Sapper Smith (loader), Sergeant Kean (No 3, pressing the firing handle), Sergeant Barnes (No. 1, the gun commander) and Master Corporal Parker (unloader) of 56th Field Engineer Squadron fire the Remembrance Day salute using an L-5 pack howitzer. (56th FES)

St. John's, Terre-Neuve, le 11 novembre 1987 : (de gauche à droite) le sapeur Mercer (chargeur), le sapeur Smith (chargeur), le sergent Kean (No. 3, activant la poignée de tir), le sergent Barnes (No. 1, chef de pièce) et le caporal-chef Parker (déchargeur) du 56e Escadron du génie tirent un coup de canon pour saluer le Jour du Souvenir au moyen d'un obusier démontable L-5. (56e EG)

CFSME: Caton's Island Camp, Caton's Island, New Brunswick

The Bridging Section at the Canadian Forces School of Military Engineering at CFB Gagetown gives the Power Boat Operators' Course, where military engineers learn to maintain and operate the jet boats used in the construction of the medium floating raft and the medium floating bridge and to ferry combat vehicles. During their training, students sometimes ferry vehicles and passengers to the Wesleyan youth camp on Caton's Island in the St. John River, especially when construction work is being done on the island.

École du génie militaire des Forces canadiennes, Gagetown : camp de l'île Caton, Caton's Island, Nouveau-Brunswick

La Section des ponts de l'École du génie militaire des Forces canadiennes donne le cours d'opérateur de bateau à moteur. Ce cours offre aux ingénieurs militaires une formation leur permettant d'entretenir et d'utiliser les bateaux à propulsion hydraulique utilisés dans la construction du radeau flottant moyen et du pont flottant moyen et pour transborder les véhicules de combat. Durant leur formation, les étudiants transportent parfois des véhicules et des passagers au camp jeunesse de Wesleyan sur l'île Caton dans la rivière St. John, surtout lorsque des travaux de construction s'effectuent sur l'île.

Whepley Bay, New Brunswick; summer 2002: Ferry operations to Caton's Island Camp. (CFSME)

Baie Whepley, Nouveau-Brunswick, été 2002 : opérations de transbordement au camp de l'île Caton. (CFSME)

CE Sections: Fitness Trail, 19 Wing Comox, British Columbia

CE Sections are much smaller than the field units but, especially when supplemented by DND civilian labour, they often lend a hand in the community. 19 Wing is a good example: working from a design by base residents, the CE Section built a 6.4-kilometre recreational trail with 10 work-out stations, each providing a unique physical challenge, on the base property surrounding Wallace Gardens, the family housing area. The work included clearing bush, preparing the surface, and putting down a 10-centimetre layer of crushed lava rock.

Sections du Génie construction : parcours d'entraînement, 19e Escadre Comox, Colombie-Britannique

Les sections du Génie construction sont beaucoup plus petites que les unités de campagne, mais lorsque des employés civils du MDN s'ajoutent, elles peuvent souvent donner un coup de main à la communauté. La 19e Escadre en est un bon exemple : travaillant à partir d'un plan conçu par les résidents de la base, la Section du GC a construit un sentier récréatif de 6,4 kilomètres doté de 10 stations d'exercice, chacune posant un défi physique particulier, sur les terrains de la base entourant les jardins Wallace, la zone des logements familiaux. Les militaires ont travaillé à nettoyer les broussailles, à préparer la surface et à mettre en place une couche de dix centimètres de pierres de lave concassées.

19 Wing Comox, British Columbia; 2002: A bridge on the Wallace Gardens recreational trail. (WCE Comox)

19e Escadre Comox, Colombie-Britannique, 2002 : un pont sur le sentier récréatif des jardins Wallace. (EGC Comox)

Glossary

Glossaire

AES	Airfield Engineer Squadron
ASE	Army Survey Establishment
BCATP	British Commonwealth Air Training Plan
CCC	Cemetery Construction Company
CE	Canadian Engineers (1903–19); Construction Engineering
CER	Combat Engineer Regiment
CES	Construction Engineering Sections
CEU	Construction Engineering Unit
CFB	Canadian Forces Base
CFC	Canadian Forestry Corps
CFJIC	Canadian Forces Joint Imagery Centre
CFS	Canadian Forces Station
CFSME	Canadian Forces School of Military Engineering
CME	Canadian Military Engineers
DND	Department of National Defence
DRDC	Defence Research and Development Canada
EG	Escadron du Génie
ESR	Engineer Support Regiment

ARC	Aviation royale du Canada
BFC	Base des Forces canadiennes
CCC	Compagnie de construction de cimetières
CSM	Canadien de Sa Majesté (suffixe ajouté au nom d'un navire de guerre ou d'un chantier maritime)
EC	Escadron de campagne
EG	Escadron du génie
EGA	Escadron du génie de l'air
GC	Génie construction
GMC	Génie militaire canadien
GRC	Génie royal canadien
MDN	Ministère de la Défense nationale
MRC	Marine royale du Canada
NORAD	Commandement de la défense aérospatiale de l'Amérique du Nord
OTAN	Organisation du traité de l'Atlantique Nord
PEAC	Programme d'entraînement aérien du Commonwealth
RAF	Royal Air Force

FES	Field Engineering Squadron
FER	Field Engineering Regiment
HMC	Her Majesty's Canadian (prefix to the name of a warship or a naval dockyard)
MCE	Mapping and Charting Establishment
NAC	National Archives of Canada
NATO	North Atlantic Treaty Organization
NORAD	North American Aerospace Defence Command
RAF	Royal Air Force
RCAF	Royal Canadian Air Force
RCE	Royal Canadian Engineers
RCN	Royal Canadian Navy
RDU	Radiation Detection Unit
RG	Régiment du Génie
ROWPU	reverse osmosis water purification unit
RTK	real-time kinematic
UNMIH	United Nations Mission in Haiti
VE Day	Victory in Europe Day
WCE	Wing Construction Engineering
RG	Régiment du génie
SFC	Station des Forces canadiennes
STA	Service de topographie de l'armée
SPEOI	Système de purification d'eau par osmose inverse
UDR	Unité de détection des radiations
UGC	Unité du Génie construction
MINUHA	Mission des Nations Unies à Haïti

Suggested Reading

DOUGLAS, W. A. B., *The Official History of the Royal Canadian Air Force*. Volume II: *The Creation of a National Air Force*. Ottawa: University of Toronto Press for the Department of National Defence and the Canadian Government Publishing Centre, 1986.

HATCH, F. J., *Aerodrome of Democracy: Canada and The British Commonwealth Air Training Plan, 1939–1945*. Department of National Defence Directorate of History Monograph Series No. 1. Ottawa: Directorate of History, Department of National Defence, 1983.

KERRY, A. J. and W. A McDill, *The History of the Corps of Royal Canadian Engineers: Volume I (1749–1939)*. Toronto: Thorn Press, 1962.

KERRY, A .J. and W. A McDill, *The History of the Corps of Royal Canadian Engineers: Volume II (1936–1946)*. Toronto: Thorn Press, 1966.

HOLMES, K. J., *The History of the Canadian Military Engineers: Volume III (to 1971)*. Toronto: Thorn Press, 1997.

Lectures suggérées

DOUGLAS, W.A.B. *Histoire officielle de l'Aviation royale du Canada, tome II : La Création d'une aviation militaire nationale*, Ottawa, University of Toronto Press pour le ministère de la Défense nationale et le Centre d'édition du gouvernement du Canada, 1986.

HATCH, F. J. *Le Canada, aérodrome de la démocratie : Le plan d'entraînement aérien du Commonwealth britannique, 1939-1945*, Direction des collections monographiques du ministère de la Défense nationale, no. 1, Ottawa, Direction : Histoire et Patrimoine, ministère de la Défense nationale, 1983.

KERRY, A. J. et W. A McDill. *The History of the Corps of Royal Canadian Engineers: Volume I (1749–1939)*, Toronto, Thorn Press, 1962.

KERRY, A .J. et W. A McDill, *The History of the Corps of Royal Canadian Engineers: Volume II (1936–1946)*, Toronto, Thorn Press, 1966.

HOLMES, K. J. *The History of the Canadian Military Engineers: Volume III (to 1971)*, Toronto, Thorn Press, 1997.

RAWLING, Bill, *Surviving Trench Warfare: Technology and the Canadian Corps, 1914–1918*. University of Toronto Press, 1992.

RAWLING, Bill, *Technicians of Battle: Canadian Field Engineering from Pre-Confederation to the Post-Cold War Era*. MEIC/CISS, 1991.

RAWLING, Bill, *Ottawa's Sappers: A History of 3rd Field Engineer Squadron*. Canadian Military Engineer Museum, 2002.

STACEY, Charles Perry, *The Official History of the Canadian Army in the Second World War. Volume III: The Victory Campaign—The Operations in North-West Europe 1944–1945*. Ottawa: Queen's Printer, 1960.

RAWLING, Bill. *Surviving Trench Warfare: Technology and the Canadian Corps, 1914–1918*, University of Toronto Press, 1992.

RAWLING, Bill. *Technicians of Battle: Canadian Field Engineering from Pre-Confederation to the Post-Cold War Era*, MEIC/CISS, 1991.

RAWLING, Bill. *Ottawa's Sappers: A History of 3rd Field Engineer Squadron*, Musée du génie militaire canadien, 2002.

STACEY, Charles Perry. *Histoire officielle de la participation de l'armée canadienne à la Seconde Guerre mondiale,* Vol. 3, La campagne de la victoire : les opérations dans le nord-ouest de l'Europe : 1944-1945, Ottawa, Imprimeur de la reine, 1960.

Meet the Authors

Charmion Chaplin-Thomas is the Senior English Editor in Public Affairs Editorial Services at National Defence Headquarters. Between editing her colleagues' news releases, backgrounders and reports, she writes "Fourth Dimension," an historical feature that appears in the Canadian Forces newspaper *The Maple Leaf*.

Vic Johnson is a retired lieutenant-colonel whose 37 years of service as a military engineer took him to Korea, the Northwest Highway System, Kashmir and Germany. An active member of the Military Engineers' Association of Canada, he currently holds the position of Vice-President History.

Bill Rawling is an historian at the Directorate of History and Heritage at National Defence Headquarters. As well as several books on Canadian military engineering, he is the author of *Death Their Enemy: Canadian Medical Practitioners and War*.

Les auteurs

Charmion Chaplin-Thomas est rédactrice-réviseure en chef des Services de rédaction de la Direction des affaires publiques au Quartier général de la Défense nationale. En plus de réviser les communiqués de presse, documents de fond et rapports de ses collègues, elle rédige la *Quatrième dimension*, un feuillet historique qui paraît dans le journal des Forces canadiennes *La Feuille d'érable*.

Vic Johnson est lieutenant-colonel à la retraite. Ses 37 années de service à titre d'ingénieur militaire l'ont mené en Corée, au Cachemire, en Allemagne et sur l'Autoroute du Nord-Ouest. Membre actif de l'Association canadienne du Génie militaire, il occupe actuellement le poste de vice-président de la section Histoire.

Bill Rawling est historien à la Direction - Histoire et Patrimoine du Quartier général de la Défense nationale. En plus d'avoir publié plusieurs livres sur le génie militaire canadien, il est l'auteur de *La mort pour ennemi : la médecine militaire canadienne.*

Photo Credits

Références photographiques

Many of the photographs in this book that date from 1945 and earlier were obtained from the National Archives of Canada, and each of these is identified by its Archives accession number. A few came from the Imperial War Museum in London, England, and these, too are identified by accession numbers. More recent photographs obtained from the extensive holdings of the Canadian Forces Joint Imagery Centre are each identified by their image number. Finally, some photographs were received from CME units and from the private collections of military engineers across Canada, to whom the authors are very grateful.

The authors also wish to express their gratitude for the extensive archival research and French editorial work performed by Major Eric Perrault, an airfield engineer currently serving as a staff officer at National Defence Headquarters.

Bon nombre des photographies de ce livre qui datent de 1945 et avant proviennent des Archives nationales du Canada; elles sont toutes identifiées par leur numéro d'entrée des Archives. Les photographies plus récentes sont tirées du fond du Centre d'imagerie interarmées des Forces canadiennes et sont toutes identifiées par leur numéro d'image. Finalement, certaines photographies proviennent d'unités du GMC et des collections privées d'ingénieurs militaires de partout au Canada. Les auteurs leur en sont très reconnaissants.

Les auteurs souhaitent également exprimer leur gratitude au major Eric Perrault, ingénieur de l'air actuellement officier d'état-major au Quartier général de la Défense nationale, pour son immense travail de recherche et d'édition en français.